W0077418

LEBEN *mit* KANINCHEN

Christine Wilde

NTV Kleinsäuger

Kaninchen bereichern das Leben ihrer Halter!
Foto: I. Domaschke

Inhaltsverzeichnis

Die in diesem Buch enthaltenen Angaben, Ergebnisse, Dosierungsanleitungen etc. wurden von der Autorin nach bestem Wissen erstellt und sorgfältig überprüft. Da inhaltliche Fehler trotzdem nicht völlig auszuschließen sind, erfolgen diese Angaben ohne jegliche Verpflichtung des Verlages oder der Autorin. Beide übernehmen daher keine Haftung für etwaige inhaltliche Unrichtigkeiten.
Alle Rechte, insbesondere das Recht der Vervielfältigung und Verbreitung sowie der Übersetzung, vorbehalten. Kein Teil des Werkes darf in irgendeiner Form (Druck, Fotokopie, Mikrofilm oder andere Verfahren) ohne schriftliche Genehmigung des Verlages reproduziert oder unter Verwendung elektronischer Systeme verarbeitet, gespeichert oder vervielfältigt werden.

2. Auflage 2013

ISBN: 978-3-86659-071-7

© 2008 Natur und Tier - Verlag GmbH
An der Kleimannbrücke 39/41, 48157 Münster
Tel. 0251/13339-0, Fax 13339-33
www.ms-verlag.de

Geschäftsführung: Matthias Schmidt
Lektorat: Kriton Kunz & Christian Neumann
Layout: Ludger Hogeback - hohe birken
Druck: Alföldi, Debrecen

Vorwort

Seit Jahrzehnten sind Kaninchen beliebte Heimtiere, und es gibt unzählige Fachbücher und Ratgeber zur Haltung, zur Zucht oder zur Behandlung verschiedener Erkrankungen bei Kaninchen. Was mir persönlich fehlte, war ein Buch, in dem alle diese Themen für den Halter verständlich vereint sind. Ich betreibe seit vielen Jahren eine Info-Homepage zur Kaninchenhaltung und konnte so anhand der eingehenden Mails und der abgerufenen Infoseiten sehen, welche Fragen sich dem Kaninchenhalter stellen. In diesem Buch habe ich versucht, zumindest einen Teil dieser Fragen zu beantworten. In vielen Ratgebern bekommt der angehende Kaninchenhalter nur kurze Tipps und Anweisungen zu Anschaffung, Haltung und Ernährung. Oft fehlen praktische Ratschläge zur Umsetzung der Tipps. Mir war es wichtig, diese praktischen Ratschläge ebenfalls in das vorliegende Buch einzubringen. Vielfach basieren Anweisungen zur Kaninchenhaltung in Ratgebern auch mehr auf dem Angebot der Zoofachgeschäfte und der Bequemlichkeit der Halter als auf den wirklichen Bedürfnissen der Kaninchen. Das ist meiner Ansicht nach der falsche Ansatz, und deshalb habe ich in diesem Buch die Bedürfnisse der Kaninchen vor die Bequemlichkeit des Halters gestellt.

Dieses Buch basiert nicht nur auf meinen persönlichen Erfahrungen. Neue wissenschaftliche Erkenntnisse der letzten Jahre, vor allem in den Bereichen Ernährung und Behandlung von Krankheiten, sind mit eingeflossen. Auch das Lesen von Beiträgen und das Beantworten von Fragen der Kaninchenhalter in Foren und Mailinglisten hat dazu beigetragen, dass ich die Haltungsbedingungen meiner Tiere immer wieder hinterfragt und dazugelernt habe. Über viele Jahre sammelte ich Erfahrungsberichte verschiedener Kaninchenhalter. Durch eine enge Zusammenarbeit mit Kaninchenhaltern, Tierschützern, Züchtern und Tierärzten spiegelt dieses Buch viele unterschiedliche Ansichten und Erkenntnisse wider.

Ein größeres Kapitel ist das Thema „Krankheiten". Auch Kaninchen in perfekter Haltung werden einmal krank. Ein Tierarztbesuch ist dann zwar immer nötig, aber die Verantwortung für die Pflege des erkrankten Kaninchens liegt voll und ganz in den Händen des Halters. Deshalb muss er sich informieren. Entsprechende Fachbücher sind allerdings teuer und oft auch in einer für Laien unverständlichen Fachsprache geschrieben. Deshalb habe ich in diesem Buch die häufigsten Krankheiten einfach erklärt und ihre Behandlung und die nötigen pflegerischen Maßnahmen erläutert – was jedoch natürlich die Visite beim Veterinär auf keinen Fall ersetzen darf.

Das Kapitel „Zucht" soll in erster Linie dem Kaninchenhalter zeigen, wie aufwändig eine vernünftige Kaninchenzucht ist und welche Grundvorrausetzungen zu erfüllen sind, wenn aus einem Kaninchenhalter ein guter Züchter werden soll. Natürlich kann dieses Kapitel nur einen sehr groben Überblick über die Zucht

Kaninchen sind Heimtiere mit hohen Ansprüchen. Foto: A. Zenker

bieten. Das umfangreiche Wissen, das einer verantwortungsvollen Zucht zugrunde liegt, würde den Rahmen dieses Buches sprengen.

Insgesamt möchte ich mit diesem Buch dem Kaninchenhalter einen Ratgeber zur Verfügung stellen, der praktische Hilfe bei allen Themen rund um die Kaninchenhaltung bietet, und hoffe, dass ich diesem hohen Anspruch gerecht geworden bin.

Christine Wilde,
Osnabrück, im Winter 2008

Zum Geleit

Das Kaninchen, eine der ältesten domestizierten Heimtierspezies überhaupt, erfreut sich rasant zunehmend immer größerer Beliebtheit. Besonders Kinder sehen in ihm den idealen Schmuse- und Spielpartner und drängen nicht selten ihre Eltern zum Kauf eines Kaninchens. Dass aber Kaninchen kein Spielzeug sind, dass ihre Haltung und Pflege gar nicht so einfach sind und dass den Tieren ein artgerechtes Leben ermöglicht werden muss, zeigt dieses Buch eindrucksvoll auf. In diesem Bereich bei Haltern Fortschritte zu erzielen, ist eines der Hauptanliegen von Christine Wilde.

Kaninchen werden etwa 6–12 Jahre alt. Über diesen Zeitraum tragen Sie als Halter die Verantwortung für ein tiergerechtes Leben Ihrer Lieblinge.

Die Autorin, die auf ihrer überaus erfolgreichen Homepage www.nager-info.de für fast alle kleinen Heimtiere ein Füllhorn von Wissen ausschüttet, zu allen einschlägigen Problemen Rat weiß und kaum eine Frage unbeantwortet lässt, legt in diesem klar gegliederten Werk dar, was alles zu bedenken und zu tun ist, damit sich die kleinen Langohren so richtig wohl fühlen. Dabei spürt man im Hintergrund auch den Ansatz: „Kannst du eine artgerechte Kaninchenhaltung garantieren? Nein?! Dann verzichte bitte auf die Haltung!"

Kaninchen sind kein Spielzeug. Foto: C. Scholz

Kapitel über die Geschichte der Kaninchen, ihre Ernährung, ihre Gesundheit und vieles mehr runden das Werk ab und lassen für den interessierten Leser keine Frage offen.

Möge diesem Buch der Erfolg beschieden sein, den es verdient, und sich dadurch die Zahl der artgerecht gehaltenen, glücklichen Kaninchen in gleichem Maß vermehren wie das Interesse an den liebenswerten Tieren. Letztendlich stehen am Ende der Kette auch die Freude und das Glücklichsein des Halters über seine Kaninchen.

Dr. med. vet. Bernhard Lazarz

Einleitung

Vom Wildtier zum Nutztier

Alle als Heimtiere gehaltenen Kaninchen sind Nachfahren des Europäischen Wildkaninchens (*Oryctolagus cuniculus*). Ursprünglich waren Wildkaninchen ausschließlich auf der iberischen Halbinsel (Spanien, Portugal) und in Nordafrika beheimatet. Sie wurden ca. 1.100 v. Chr. von Handel treibenden Seefahrern, vermutlich Phöniziern, „entdeckt" oder besser wiederentdeckt, denn natürlich waren diese Tiere der

Klippschliefer – dem Kaninchen zum Verwechseln ähnlich?
Foto: B. Lazarz

einheimischen Bevölkerung bekannt und wurden auch schon vorher gefangen. Angeblich hielten die phönizischen Seefahrer die Kaninchen für Klippschliefer, die ihnen vertraut waren. Klippschliefer sind Säuger, die vor allem in Afrika südlich der Sahara sowie in Arabien und dem Nahen Osten zu finden sind. Von weitem mag eine Verwechslung möglich sein, da die Tiere fast die gleiche Größe und eine in etwa gleiche Färbung haben. Klippschliefer ähneln mit ihren kurzen Ohren durchaus einigen Hasenarten (beispielsweise dem Pfeifhasen), aber sie gleichen dem Europäischen Wildkaninchen aus der Nähe betrachtet nicht sehr. Sie sind vielmehr näher mit Elefanten und Seekühen verwandt als mit Kaninchen.

Von der semitischen Bezeichnung für Klippschliefer „Shapan" ist denn aber angeblich die heutige Bezeichnung „Spanien" abgeleitet – aufgrund der Verwechslung mit den heimischen Schliefern sollen die Phönizier Spanien nämlich „Land der Schliefer" genannt haben. Die Bezeichnung „Kaninchen" wird seit dem 16. Jahrhundert verwendet, sie ist die Verniedlichung von „Kanin" und wird von dem afrikanischen „conin" bzw. aus dem lateinischen „cuniculus" abgeleitet. (Kluge 1999). Über die weitere Verbreitung des Kaninchens als Nutz- und Haustier wird viel spekuliert. Sicher ist, dass die Tiere von Händlern in verschiedene Länder mitgenommen wurden. Schon etwa 100 Jahre v. Chr. wurden sie von Römern als Fleischlieferanten in großen Freigehegen gehalten. Natürlich entkamen von dort auch Kaninchen und pflanzten sich in freier Wildbahn fort, bekanntermaßen mit gutem Erfolg. Zu Anfang ihres Siegeszuges veränderte sich ihr Aussehen kaum, und sie blieben lange Zeit scheue Wildtiere. Im Mittelalter wurden die Tiere in Fürstenhäusern (Italien, Deutschland, England und Frankreich) und Klöstern als Fleischlieferanten und Jagdwild in großen so genannten „Hasengärten" gehalten, in französischen Klöstern in Innenhöfen und Schuppen. Das Fleisch der Jungtiere war auch während der Fastenzeit zum Verzehr erlaubt, und so erfreuten sich Kaninchen immer größerer Beliebtheit.

Wussten Sie eigentlich ...?
Wilde Kaninchen bringen ein Gewicht von 1,4–2,0, maximal 2,4 kg auf die Waage, Hauskaninchen dagegen heute im Extremfall bis zu 10 kg und mehr.

Sie wurden nun über den Schiffsverkehr in viele Teile der Welt verbracht. So gelangten die Tiere beispielsweise nach Amerika, Asien und auch nach Australien. Dort wurden sie teilweise bewusst als Jagdwild ausgewildert oder entkamen aus ihren Gehegen und bildeten große Populationen. Aber die Ausbreitung des Kaninchens hatte auch ihre Schattenseiten. In Australien fehlten natürliche Feinde, und so wurden Kaninchen dort zu einer großen Plage. Sie zerstörten Schafweiden und Ackerfläche. Katzen wurden als Kaninchenjäger eingeführt und freigelassen, allerdings verschlimmerte das die Situation. Katzen jagen kaum ausgewachsene Kaninchen, aber die Vogelwelt Australiens war für die Katzen eine leichte Beute. Auch quer über das Land gezogene Zäune konnten den Vormarsch der Kaninchen nicht aufhalten. 1951 wurde dann das gefährliche Myxomatose-Virus zur Bekämpfung der Kaninchenplage eingesetzt. Es kam zu einem Massensterben der Kaninchen in Australien und Europa, aber es bildeten sich auch resistente Kaninchenstämme. Bis heute wird der Bestand der Wildkaninchen dennoch durch dieses Virus dezimiert.

Erst durch die engere Haltung in kleinen Gehegen und Käfigen, wie in Klöstern und bei der späteren Zucht durch Adelige, wurden die Kaninchen in Europa regelrecht domestiziert. Aber es dauerte noch lange bis zu den ersten dokumentieren Farbmutationen. Zwar existierten sicher vereinzelt immer schon natürliche Farbvarianten, aber diese wurden nicht gezielt vermehrt und gezüchtet. Vor etwa 500 Jahren, also erst seit dem 16. Jahrhundert, gab es vermehrt Farbspielarten. Zuerst setzten sich eine leichte Blaufärbung und Schecken durch. Durch selektive Zucht großer Tiere und das reichhaltige Mastfutter wurden die Tiere mit der Zeit auch wesentlich größer und schwerer als ihre wilden Verwandten.

Vor etwa 250 Jahren, um 1760, gab es erste Rassezuchterfolge. Die erste dokumentiere Zuchtrasse war wohl das Langhaarkaninchen, auch Angorakaninchen ge-

Unsere heutigen Hauskaninchen sehen den ersten Rassekaninchen immer noch sehr ähnlich.
Foto: A. Zenker

nannt. Es folgten bald weitere Rassen, eine fast ebenso alte Rasse wie das Angora-kaninchen ist das französische Widderkaninchen. In Deutschland werden Zucht-kaninchen als Nutztiere erst seit ca. 1870 verstärkt gehalten und gezüchtet. Zuerst wurden natürlich schwere und große Nutztierrassen vermehrt. Kaninchen waren lange Zeit nur als Pelztiere, Jagdwild und Fleischlieferant von Interesse. Bis zur Mitte des letzten Jahrhunderts wurden sie hierzulande nahezu ausschließlich in großen Außengehegeanlagen gehalten. Erst gegen Ende des 19. Jahrhunderts wurde auch damit begonnen, Kaninchen zur Zucht einzeln in Holzställe zu verbringen, um die Verpaa-rungen der Tiere besser kontrollieren zu können. Die Haltung in kleinen Verschlägen wurde vor allem seit der Zeit der Indus-trialisierung zur Normalität. Bis dahin war die Kaninchenzucht wohlhabenderen Zeitgenossen vorbehalten. Dann aber lernten auch ärmere Bevölkerungsschichten Kaninchen als einfach zu fütternde Fleischlieferanten zu schätzen. Zwischen und nach den beiden Weltkriegen des 20. Jahrhunderts bauten auch Bauern ihre Stallanlagen zu Buchten um. Große Kaninchengärten und Gruppenhaltung gibt es seitdem im professionellen Zuchtbereich kaum noch.

Erst im Jahr 1938 wurde in Holland die erste echte Zwergkaninchenart vorgestellt, ein Hermelinmischling mit Zwergen-Gen. Nach dem Zweiten Weltkrieg wurde intensiver mit der gezielten Züchtung dieser kleinen Rassen, allerdings noch als

> **Wussten Sie eigent-lich ...?**
> Mit Entstehung der kleinen Rassen begann in den 1950er-Jahren die Heimtier-haltung von Kaninchen. Heute zählen Kaninchen zu den beliebtesten Kleintieren.

Nutztierrassen, begonnen. Seit ca. 1950 wurden vor allem Zwergkaninchen und Zwergkaninchen-Mischlinge als Heimtiere vermarktet, und seit den 1950er- und 1960er-Jahren wird das Kaninchen in großer Zahl als „Spiel- und Kuscheltier" für Kinder im Haus gehalten. Es war lange Zeit üblich, einzelne Kaninchen in kleinen Gitterkäfigen als „lebendes Spielzeug" im Kinderzimmer unterzubringen. Der Handel reagierte mit einem immer größer werdenden Angebot an Käfigen, Spielsachen, Futtermitteln, Leckerchen und Büchern, die es dem Halter leicht machten, sein „lebendes Spielzeug" zu halten und mit unterschiedlichsten Futtermitteln zu „verwöhnen". Erst in den letzten Jahren hat sich eine neue Art der Tierhaltung etabliert. Heimtiere werden nicht mehr als leicht zu haltende Spielsachen angesehen, und es wird nun versucht, auf die wirklichen Bedürfnisse von Kaninchen einzugehen. Die Gehege werden größer, es wird mehr darauf geachtet, dass Kaninchen im Rudel leben und Artgenossen brauchen, es ist nicht mehr opportun, die Tiere einzeln zu halten. Auch immer mehr Händler gehen bei der Herstellung und Vermarktung von Futtermitteln auf die natürlichen Ansprüche und eine gesunde Ernährung der Tiere ein. Dieser Trend zur tiergerechten Haltung wird sicher auch durch den regen Austausch von Kaninchenfreunden im Internet gefördert – es ist heutzutage wesentlich leichter, sich über die tiergerechte Haltung zu informieren, und die wirklichen Bedürfnisse unserer Heimtiere werden intensiver erforscht.

Der natürliche Lebensraum des Wildkaninchens

Wildkaninchen leben bevorzugt an geschützten Stellen am Waldrand oder auch in Parkanlagen, ebenso an Flussufern und am Rand von Getreidefeldern. Ideal sind lockere, sandige Untergründe, in die leicht ein Kaninchenbau gegraben werden kann. Grüne Wiesen als Nahrungsquelle und schützende Gebüsche an den Rändern, umrahmt von einigen Bäumen, werden bevorzugt.

Sozialverhalten

Kaninchen sind hochsoziale Tiere, die in großen Verbänden leben. Innerhalb des Rudels besteht eine feste Rangordnung. Viele natürliche Verhaltensweisen des Wildkaninchens lassen sich auch bei unseren domestizierten Exemplaren beobachten.

Kaninchen leben in freier Wildbahn in großen Gruppen/Familienverbänden, die 30 adulte (geschlechtsreife) Tiere und mehr umfassen können. Die Siedlungsdichte kann dabei um die 150 adulte Tiere pro Hektar betragen. Sie legen gemeinsam unterirdische Baue an. Diese unterhöhlen die Siedlungsplätze mitunter so stark, dass es zu Erdrutschen kommt und die Flächen einsturzgefährdet sind. Um diese Baue liegt das Revier des Kaninchenverbandes. Die Grenzen des bis zu 1 km großen Reviers werden deutlich durch Urin und Kot markiert.

Kaninchen zeigen ihren Artgenossen gegenüber ein sehr ausgeprägtes Sozialverhalten. Innerhalb einer Gruppe gibt es eine klare Rangordnung. Ranghöhere Tiere

Wildkaninchenbabys im Nest Foto: C. Jacob

leben tiefer im Bau, in den Außenbereichen findet man rangniedere Tiere. In der Dämmerung verlassen die Kaninchen ihre Baue, um Nahrung aufzunehmen – sie sind also eher dämmerungs- und nachtaktiv. Die Tiere ernähren sich hauptsächlich von Kräutern, Gräsern, Blättern, Blüten, im Winter auch von Rinden und Zweigen. Während der Futtersuche bleiben sie dicht am Bau, um bei Gefahr schnell hineinflüchten zu können. Ein Kaninchenbau hat sehr viele Zugänge, meist wesentlich mehr, als Kaninchen darin wohnen; so kann ein rettender Eingang schnell gefunden werden. Vor Gefahren warnen sich die Kaninchen gegenseitig durch ein lautes Trommeln mit den Hinterbeinen. Kaninchen sind relativ reviertreu und bleiben gewöhnlich in ihren Familien unter sich. Jungtiere und Weibchen anderer Gruppen werden allerdings durchaus ins Rudel aufgenommen, erwachsene Rammler (Männchen) hingegen werden sofort angegriffen, vertrieben und sogar getötet. Innerhalb der Familie werden ebenfalls Kämpfe ausgetragen. Rangkämpfe finden in erster Linie unter Rammlern statt, um eine höhere Rangposition innerhalb des Rudels zu erlangen. Vor allem während der Paarungszeit im Frühjahr wird um die Weibchen gekämpft. Auch die Weibchen verteidigen ihren Nestbereich gegen andere Weibchen. Paarungsbereite Kaninchen bekämpfen sich häufiger, diese „Auseinandersetzungen" sind aber zumeist harmlos. Im Winter sind Kaninchen wesentlich ruhiger und verträglicher untereinander, da in der Zeit weder Paarung noch Jungenaufzucht stattfinden.

Es wird angenommen, dass Kaninchen innerhalb ihrer Gruppe feste Gemeinschaften bilden. Ein Rammler hat normalerweise sein eigenes Revier, in dem 1–3 (selten mehr) Häsinnen leben, die nur er deckt. Der Rammler wohnt während der Paarungszeit bei den Häsinnen. Ist eine Häsin erfolgreich gedeckt, entzieht sie sich dem Rammler, und dieser wechselt zu einer anderen Häsin über. Allerdings machen es die Häsinnen ihrem Verehrer nicht leicht: Er muss sie lange umwerben, bis er sich paaren darf. Es können gut zwei Wochen ins Land gehen, bis ein Weibchen erfolgreich gedeckt ist. Die Tiere betreiben eine sehr intensive Fellpflege untereinander und kuscheln viel. Damit ist es allerdings vorbei, wenn das Weibchen trächtig ist, dann wird sie dem Bock gegenüber unverträglich. Jedes Weibchen hat seinen eigenen Schlafplatz im Rammlerrevier, die Häsinnen gehen aber nur zusammen mit ihrem Rammler auf Futtersuche. Der Rammler verteidigt seinen kleinen Harem gegen jeden Konkurrenten. Mehrere Rammler mit ihren Weibchen bilden ein Rudel. Im Winter zerfallen diese, und es bilden sich größere Gruppen.

Aufzuchtverhalten

Zur Niederkunft gräbt sich das Weibchen eine separate Nisthöhle mit nur einem Eingang. Dort baut es ein ausgepolstertes Nest aus Blättern und Gräsern und wirft hier die Jungen. Das Muttertier verlässt nach der Geburt den Bau und verschließt ihn sorgfältig, damit die Jungen vor Feinden geschützt sind. Der Eingang des Baus wird von ihm mit Duftstoffen markiert, um ihn am Abend wiederfinden zu können. Einmal am Tag, meist in den späten Abendstunden, kehrt die Häsin zurück, um die Jungen zu säugen und zu putzen.

Kaninchen und Hasen – Wo ist der Unterschied?

In Deutschland finden wir noch eine andere Tierart, die unseren Kaninchen auf den ersten Blick ähnelt. Ihr Name wird gern und oft als Bezeichnung für Kaninchen angewendet. Gemeint ist der Europäische Feldhase (*Lepus europaeus*), kurz: „der Hase". Nicht selten werden Kaninchen und Hasen sogar miteinander verwechselt. Oft nennen Heimtierhalter ihre Kaninchen liebevoll „Hasen", und bei Züchtern heißen weibliche Kaninchen tatsächlich auch „Häsin". Stallkaninchen werden oft als „Stallhasen" bezeichnet. Es gibt sogar mittlerweile Kaninchen, die durch Zucht in Körperbau und Aussehen dem Hasen sehr ähneln. Trotzdem sind diese Tiere nicht näher miteinander verwandt, und eine Kreuzung von Kaninchen und Hase ist nicht möglich. Hasen werden nicht als Haustiere gehalten, sie stehen unter Artenschutz und dürfen

Hasenbaby – ein enger Verwandter der Kaninchen Foto: C. Jacob

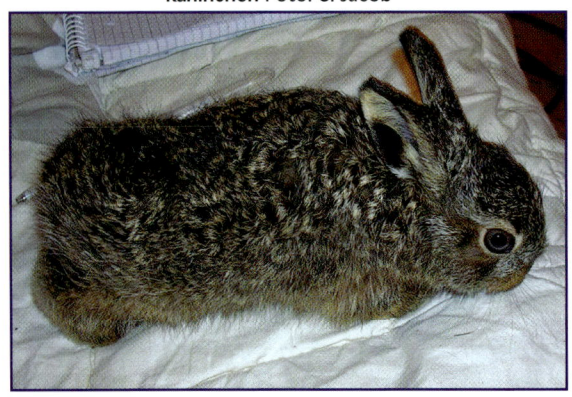

nicht eingefangen werden. Alle als Heimtiere gehaltenen so genannten „Hasen" sind also Kaninchen.

Zur Ordnung der Hasenartigen gehören zwei Familien mit rund 80 Arten. Die eine Familie sind die so genannten „Echten Hasen" (Leporidae), zu denen sowohl der Feldhase als auch die Kaninchen gehören. Echte Hasen haben

Ähnlich und doch verschieden

Kaninchen werden oft fälschlicherweise als „Hasen" bezeichnet. Obwohl Hasen und Kaninchen miteinander verwandt sind, handelt es sich um verschiedene Arten, die sich auch in Aussehen und Lebensweise unterscheiden.

Trotz der langen Ohren handelt es sich nicht um einen Hasen, sondern um ein Kaninchen. Foto: C. Scholz

sich in Amerika, Europa, Asien und Afrika entwickelt, Wildkaninchen wurden vom Menschen außerdem noch in Australien, Neuseeland und auf anderen Inseln eingeführt. Zu dieser Familie gehören elf Gattungen mit rund 55 Arten. In Deutschland finden wir Feldhasen (*Lepus europaeus*) sowie auch unser Europäisches Wildkaninchen (*Oryctolagus cuniculus*). Die zweite Familie sind die Pfeifhasen (Ochotonidae), davon lebt heute nur noch eine Gattung, *Ochotona*, mit 25 Arten.

Anhand der Tabelle werden die Unterschiede zwischen dem Europäischen Feldhasen (*Lepus europaeus*) und dem Europäischen Wildkaninchen (*Oryctolagus cuniculus*) deutlich.

	Wildkaninchen	Feldhase
Aussehen	Kaninchen haben einen eher rundlichen, gedrungenen Körperbau. Beine und Ohren sind kürzer als bei Hasen. Die Tiere wiegen zwischen 1,4 und 2 kg.	Hasen sind groß und schlank, sie haben sehr lange Läufe, und ihre Ohren sind länger als ihr Kopf. Sie wiegen zwischen 2,5 und 5,5 kg.
Fellfarbe	Graubraun, am Bauch heller, eher weißgrau.	Rötlich braun, der Bauch ist weiß, die Ohren haben dunkle Seiten und Spitzen.
Sozial-verhalten	Kaninchen sind Rudeltiere, sie leben in sehr großen Kolonien mit Artgenossen zusammen.	Hasen sind Einzelgänger, nur zur Paarung kommen diese Tiere mit Artgenossen zusammen.
Lebensraum	Kaninchen graben sich bevorzugt an geschützten Stellen am Waldrand oder auch in Parkanlagen ihre Höhlenbaue in sandige Hügel. Sie leben unterirdisch, mitunter reicht ihnen auch ein dichtes Gebüsch als Versteck und Ruheplatz. Sie verlassen diese Unterschlüpfe in der Dämmerung zur Nahrungsaufnahme.	Hasen leben auf offenen Weiden, Steppen und Feldern. Sie schlafen tagsüber in kleinen Mulden (Sasse) und gehen nachts auf Nahrungssuche.
Fortpflanzung	Kaninchen haben eine Chromosomenzahl von 44. Ihre Hauptfortpflanzungszeit liegt in den Monaten Februar bis Juli. Sie können 4–6 mal im Jahr nach einer Tragzeit von 28–33 Tagen 3–4 Junge (selten bis sechs oder mehr) bekommen. Die Anzahl der Jungen hängt vom Rang des Weibchens und der Futterverfügbarkeit ab. Die Jungen kommen nackt, blind und taub zur Welt und sind somit hilflose Nesthocker. Sie werden in einer Höhle geboren, wo sie verbleiben. Die Mutter säugt die Jungen nur einmal in der Nacht.	Hasen haben eine Chromosomenzahl von 48. Sie haben nur ca. 2–4 Würfe im Jahr und bekommen nach einer Tragzeit von ca. 42 Tagen 1–2 Junge. Es können mehr Jungtiere geboren werden, wenn ein großes Angebot an hochwertigen Futterpflanzen vorhanden ist. Die Jungen kommen behaart, mit offenen Augen und relativ selbstständig auf die Welt, sind also Nestflüchter. Sie werden in der Sasse geboren, wo die Mutter die Jungen einmal am Tag aufsucht, um sie zu säugen.
Weitere Unterschiede	Kaninchen sind Fluchttiere, die ihren Feinden meist nach einer kurzen, schnellen Flucht in ihren Bau entkommen. Sie sind Kurzstreckensprinter.	Hasen sind absolute Langstreckenläufer. Sie entkommen ihren Feinden, indem sie schnell und weit laufen und dabei sogar durch extrem schnelle Richtungswechsel falsche Fährten legen.

Biologie

Systematik

Kaninchen sind keine Nagetiere, sie gehören zur Familie der Hasenartigen = Doppelzähner.

Klasse:	Säugetiere Mammalia
Unterklasse:	Höhere Säugetiere Eutheria
Überordnung:	Euarchontoglires
Ordnung:	Hasenartige (Lagomorpha)
Familie:	Hasenartige (Leporidae)
Gattung:	Oryctolagus
Art:	Hauskaninchen (*Oryctolagus cuniculus* f. dom.)

Körperbau

Augen

Kaninchen haben durch ihre seitlich sitzenden Augen einen guten Rundumblick. Dadurch nehmen sie Bewegungen in ihrer gesamten Umgebung gut wahr und können sich nähernde Feinde schneller bemerken. Kaninchen haben ein geringes räumliches Sehvermögen, sie sind weitsichtig. Farben können sie kaum erkennen, nur Rot und Grün unterscheiden sie offensichtlich gut. Ihre Pupillen können sich kaum verengen. Grelles Sonnenlicht blendet die Tiere, vor allem Albinos (weiße, rotäugige Tiere) und andere Arten mit hellroten Augen haben große Probleme bei starker Helligkeit zu sehen. In der Dämmerung sehen Kaninchen besser.

Physiologische Daten

Körpertemperatur:	38,5–40 °C
Atemfrequenz:	35–100/Min.
Pulsfrequenz:	130–325/Min.
Geschlechtsreife:	Kleine Rassen 10–14 Wochen, große Rassen 4–5 Monate oder später
Zuchtreife:	ca. 6–8 Monate
Tragzeit:	28–33 Tage
Wurfgröße:	4–10 Jungtiere, im Durchschnitt sechs
Lebenserwartung:	6–12 Jahre, im Durchschnitt acht

Tipp: An alltägliche Geräusche in der Wohnung sind Kaninchen normalerweise gewöhnt. Lärm (z. B. laute Musik) bedeutet jedoch Stress für die Tiere und sollte daher vermieden werden. Da die Hasenartigen tagsüber schlafen bzw. ruhen, benötigen sie einen ruhigen Standort ihres Käfigs und sollten während ihrer Ruhephasen nicht gestört werden.

Ohren

Kaninchen haben ein sehr gutes Gehör, es umfasst die Frequenzbereiche von ca. 16–33.000 Hz. Sie nehmen damit auch Töne wahr, die der Mensch nicht mehr hören kann. Kaninchen können ihre Ohren unabhängig voneinander in alle Richtungen bewegen (Ausnahme: Widderkaninchen). Durch die trichterförmige Beschaffenheit der

Mit ihren großen Ohren entgeht den Kaninchen kein Geräusch. Foto: C. Jacob

Ohren wird der Schall besonders gut weitergeleitet. Dadurch sind Kaninchen aber auch extrem empfindlich gegen laute Geräusche, was bei der Standortwahl des Geheges berücksichtigt werden muss. Die Ohren dienen noch einem Zweck: Über die langen, nur leicht behaarten Löffel (Ausnahme: Angorakaninchen und andere Arten mit extrem kurzen oder stark behaarten Ohren) kühlen sich die Tiere ab, dort wird Wärme abgegeben.

Nase

Kaninchen verfügen auch über einen ausgesprochen guten Geruchssinn. Sie nehmen ihre Umwelt sehr differenziert über Gerüche wahr. Schon neugeborene Kaninchen orientieren sich mit ihrer empfindlichen Nase und finden so die Zitzen der Mutter. Die Tiere erkennen Artgenossen am Geruch und orientieren sich auch ohne Licht nur anhand ihrer selbst gesetzten Duftmarken.

Tasthaare

Am Kopf, vor allem im Mund- und Nasenbereich sowie über den Augen, sitzen Tasthaare (Vibrissen), mit denen Kaninchen ihre Umgebung auch im Dunkeln ertasten können. An der Basis dieser langen Haare finden sich empfindliche Haarwurzeln; die entsprechenden Nervenbahnen registrieren jede Berührung der Tasthaare und leiten den Reiz weiter ans Gehirn. Diese Tasthaare helfen den Tieren beispielsweise dabei, die Breite eines Durchganges auszutesten. Vor allem bei langhaarigen Rassen sollte bei der Fellpflege bzw. beim sommerlichen Kürzen des Felles darauf geachtet werden, dass die Tasthaare nicht mit geschoren werden, die Tiere wären sonst um eines ihrer Sinnessysteme beraubt.

Maul

Anhand ihrer Geschmacksknospen im Maul können Kaninchen süß, sauer, bitter und salzig unterscheiden. Allerdings sind sie im Gegensatz zu Menschen auch an den Verzehr bitterer Pflanzen angepasst und fressen daher Pflanzen, die uns als sehr bitter erscheinen.

Besonderheiten

Zähne

Kaninchen haben kurz vor und nach der Geburt ein Milchgebiss mit insgesamt 16 Zähnen. Im Alter von 3–5 Wochen ist der Zahnwechsel zum bleibenden Gebiss abgeschlossen, das Kaninchen besitzt dann insgesamt 28 Zähne. Davon sind 22 im hinteren Kieferbereich als Mahlzähne zu finden, sechs dienen als Schneidezähne. Vier Schneidezähne sind deutlich sichtbar, aber im Oberkiefer haben die Tiere zusätzlich dahinter noch Stiftzähne (daher der Begriff Doppelzähner). Die Funktion dieser Stiftzähne ist nicht hinreichend bekannt, aber vermutlich geben sie den Schneidezähnen zusätzlich Halt. Die Vorderseite der oberen Schneidezähne ist stark mineralisiert und hart, aber sie ist nicht wie bei vielen Nagern stark gelb/orange pigmentiert, die Zähne sind eher weißlich bis leicht hellgelb. Alle Zähne des Kaninchens sind wurzeloffen, wachsen also ein Leben lang, im Oberkiefer im Schnitt 2 mm, die im Unterkiefer 2,4 mm in der Woche. Der Bewegungsablauf des Kiefers bei der Nahrungsaufnahme unterscheidet sich von dem der Nager: Kaninchen können ihre Nahrung durch Seitwärtsbewegungen zermahlen (Nager bewegen ihren Kiefer nur vor und zurück).

> **Wussten Sie eigentlich ...?**
> Kaninchen haben lange Schneidezähne und nagen gerne. Sie gehören aber nicht – wie oft irrtümlich angenommen – zu den Nagetieren, sondern zu den Hasenartigen.

Fell

Zweimal im Jahr wechseln Kaninchen ihr Fell von Sommer- zu Winterfell bzw. umgekehrt. Dann haaren sie sehr stark und können auch teilweise dünnes Fell haben. Dabei kommt es aber im Normalfall nicht zu kahlen Stellen. In dieser Zeit sollten Kaninchen hin und wieder gebürstet werden (siehe „Fellwechsel, Fell- und Krallenpflege").

Wamme

Die Wamme ist ein Fettansatz unterhalb des Kopfes, teilweise bis zum Rumpf des Tieres. Wammen gibt es in verschieden starken Ausprägungen, sie sind genetisch bedingt. Häsinnen wurden diese Wammen gerade von Liebhaberzüchtern oft speziell angezüchtet. Rassezüchter versuchen eher, dieses Merkmal wegzuzüchten. Lange Zeit wurde behauptet, eine starke Wamme sei ein Zeichen für Übergewicht, da die Wamme meist ein Fettdepot darstellt und sich oft erst nach ca. einem Jahr stärker ausbildet. Bei stark übergewichtigen Kaninchen ist die Wamme tatsächlich prall gefüllt und übergroß, nehmen diese Tiere ab, bleibt aber die Wamme in Form einer Hautfalte erhalten.

Analdrüse/Kinndrüse

Am After haben Kaninchen eine Duftdrüse (Analdrüse). Das ausgeschiedene Sekret umschließt die Kotkügelchen, mit denen die Reviergrenzen des Kaninchens markiert werden. Am Kinn besitzen die Tiere ebenfalls eine Duftdrüse, mit der sie ihr Revier durch Kinnreiben markieren.

Verdauung

Ungewöhnliches Verhalten?

Viele Kaninchenhalter wundern sich, warum ihre Langohren ihr Kinn an Möbelstücken und anderen Gegenständen innerhalb der Wohnung reiben. Auf diese Weise kommunizieren Kaninchen untereinander und grenzen ihr Revier ab. Für den Menschen sind die Duftstoffe allerdings nicht wahrnehmbar.

Mit den Schneidezähnen wird die Nahrung direkt bei der Aufnahme grob zerkleinert. Anschließend wird die Nahrung im hinteren Maulbereich mit den Backenzähnen fein zermahlen. Im Maul wird die Nahrung eingespeichelt, um dann über die Speiseröhre in den Magen (Ventriculus) weitergeleitet zu werden. Dort wird die Nahrung vermengt, mit verschiedenen Enzymen aufgespalten und übereinander geschichtet. Der Magen ist einhöhlig, dünnwandig und besitzt nur eine geringe Muskulatur. Innerhalb von 1–7 Stunden tritt der Speisebrei vom Magen in den Zwölffingerdarm (Duodenum), der ca. 12 cm lang ist. Am Zwölffingerdarm liegen der Gallengang und der Ausführungsgang der Bauchspeicheldrüse (Pankreas). Auch der Darm des Kaninchens verfügt nur über eine gering entwickelte Muskulatur, ist also ein so genannter Stopfdarm. Der Speisebrei wird nicht wie beim Menschen durch eine Darmperistaltik weitergeleitet, sondern in erster Linie durch nachkommende Nahrung. Dies ist einer der Gründe, weshalb Kaninchen nie ausgenüchtert werden dürfen. Da sie aber wegen ihrer geringen Magenmuskulatur im Gegensatz zum Menschen nicht erbrechen können, wäre ein Ausnüchtern vor Operationen ohnehin sinnlos.

Im Anschluss an den Zwölffingerdarm passiert der Speisebrei den Leerdarm (Jejunum) und den Krummdarm (Ileum). Dort findet eine weitere enzymatische

Kaninchen müssen ständig fressen, um ihre Verdauung aufrecht zu erhalten. Foto: A. Zenker

Aufspaltung des Speisebreis statt, gelöste Futterbestandteile werden aufgenommen. Der anschließende Dickdarm (Colon) des Kaninchens ist stark auf die Zelluloseaufspaltung spezialisiert. Der Blinddarm (Zäkum/Caecum) des Kaninchens liegt seitlich an der Bauchwand an. Hier wird der vitaminhaltige Blinddarmkot gebildet. Er besteht aus kleineren, schleimüberzogenen Kotkügelchen, die meist traubenförmig zusammenkleben. Der Blinddarmkot beträgt ungefähr 30 % des Gesamtkotvolumens, er passiert den Dickdarm weitgehend unverändert und wird vom Kaninchen direkt am Anus wieder aufgenommen. Im Blinddarm finden sich hauptsächlich anaerobe und grampositive Bakterien (Kokken, Lactobacillen). Im Dickdarm (ca. 80 cm lang) werden die Nährstoffe aufgenommen, Wasser wird entzogen. Die gesamte Darmpassage kann zwischen 5 und 7 Tagen dauern. Die Ausscheidung stickstoffhaltiger Endprodukte des Stoffwechsels geschieht durch die Nieren, die Harnleiter und die Harnblase.

Schaubild Kaninchenverdauung Illustration: S. Menke

1. **Luftröhre (Trachea)**
2. **Lunge (Pulmo)**
3. **Herz (Cor/Cardia)**
4. **Leber (Hepar)**
5. **Speiseröhre (Ösophagus)**
6. **Magen (Ventrikulus)**
7. **Dünndarm (= Zwölffingerdarm (Duodenum), Leerdarm [Jejunum], Krummdarm [Ileum])**
8. **Blinddarm (Zäkum/Caecum)**
9. **Dickdarm (Colon)**
10. **After (Anus)**
11. **Blase/Harnröhre (Versica urinaria/Urethra)**

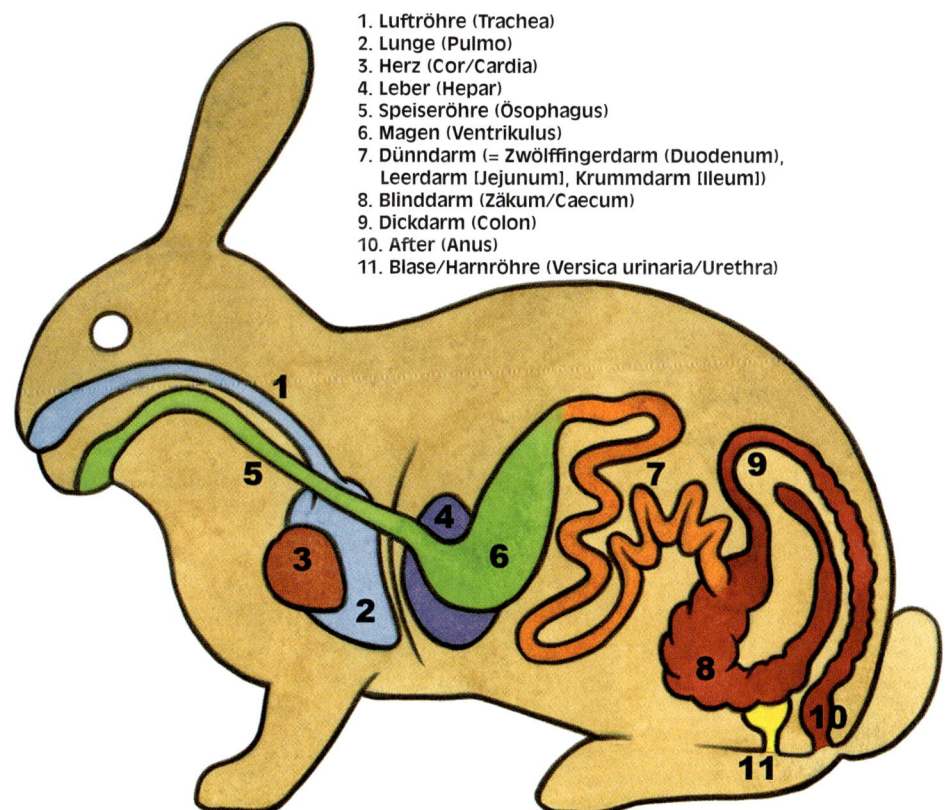

Rechtliche Grundlagen

Mietrecht

Wenn im Mietvertrag keine speziellen Absprachen getroffen wurden, dürfen Kaninchen und andere kleine Heimtiere in Mietwohnungen gehalten werden. Ein generelles Verbot der Tierhaltung in einer Mietwohnung ist unwirksam. (BGH WM 93 S. 109). Die Heimtierhaltung gehört heute zur allgemeinen Lebensführung und zum vertraglichen Gebrauch der Mietwohnung, solange durch die Tierhaltung keine Belästigungen eintreten. (AG Offenbach, AZ: 34 C 705/85, AG Schöneberg AZ: 8 C 11/91, AG Friedberg, AZ: C 66/ 3 und AG Heidelberg AZ: 20 C 72/92).

Allerdings: Diese Regelungen gelten nur für die Haltung von wenigen Exemplaren. Ab wie vielen Kaninchen in der Mietwohnung der Hausfrieden gestört werden könnte, ist also nicht klar geregelt. Ich empfehle, die Haltung von mehr als zwei Kaninchen oder die Zucht von Kaninchen vorab mit dem Vermieter zu besprechen. Es versteht sich von selbst, dass durch die Haltung der Kaninchen in der Wohnung andere Mietparteien nicht belästigt werden dürfen. Daher ist beispielsweise stark riechende, gebrauchte Einstreu sauber und geruchsfrei in Plastiktüten zu verpacken, bevor sie im Mülleimer entsorgt wird.

Freilandhaltung

Für die Haltung von Kaninchen im Außenstall sollten die landesrechtlichen Bauvorschriften für Tierställe beachtet werden. Es können keine einheitlichen Aussagen zur Zulässigkeit von Kaninchenställen gemacht werden, da jedes Bundesland eine eigene, evtl. unterschiedliche Bauordnung hat. Wer also große Zuchtanlagen oder Tiergehege auf seinem Grundstück plant, sollte sich vorab mit der zuständigen Baubehörde in Verbindung setzen.

Kaufvertrag

Um ein Kaninchen zu erwerben, ist ein schriftlicher Kaufvertrag in Deutschland nicht nötig, ein mündlicher Kaufvertrag ist rechtsgültig. Nach EU-Recht ist nur ein schriftlicher Kaufvertrag rechtsverbindlich. Ich empfehle unbedingt, einen schriftlichen Kaufvertrag zu verwenden; damit schützen sich Käufer und Verkäufer. In diesem Vertrag sollten alle Besonderheiten des Tieres, evtl. Mängel und Vorerkrankungen vermerkt werden. Werden nach dem Kauf eine Erkrankung oder ein anderer Mangel an dem Tier festgestellt, kann der Käufer innerhalb von sechs Monaten seine gesetzlichen Gewährleistungsrechte geltend machen. Im Fall einer Krankheit des Tiers könnte er beispielsweise vom Kauf zurücktreten, den Kaufpreis mindern oder eine Nachbesserung (in dem Fall also die Übernahme der Tierarztkosten in gewissem Umfang) verlangen. Allerdings muss das Tier nachweislich schon vor bzw. bei der

Kaninchen dürfen auch in der Mietwohnung gehalten werden. Foto: S. Tschöpe

Übergabe erkrankt gewesen sein. Das lässt sich in der Praxis leider meist im Nachhinein nicht mehr eindeutig feststellen, da viele Infektionskrankheiten eine längere Inkubationszeit haben.

Tierkörperbeseitigung

Verstorbene Kaninchen fallen unter das Tierkörperbeseitigungsgesetz (TierKBG). Ein verstorbenes Kaninchen darf daher nicht einfach irgendwo vergraben werden. Eigene Heimtiere dürfen in Deutschland auf dem Grundstück begraben werden, wenn sie von einer mindestens 50 cm hohen Erdschicht bedeckt sind und das Grundstück nicht in einem Schutzgebiet liegt. Näheres ist beim Amtsveterinär zu erfragen. Selbstverständlich ist ebenfalls die Beerdigung auf einem ausgewiesenen Tierfriedhof möglich. Verstorbene Kaninchen dürfen nicht im Hausmüll entsorgt werden, es ist nur zulässig, sie in dafür zugelassenen Abfallbeseitigungsanlagen oder Tierkrematorien zu verbrennen. Ansonsten muss das verstorbene Tier einer so genannten Tierkörperbeseitigungsanstalt übergeben werden.

Wichtig!
Kinder und Jugendliche bis zum vollendeten 16. Lebensjahr dürfen ohne Einwilligung der Erziehungsberechtigten keine Wirbeltiere erwerben. Der Verkäufer muss Kaninchen, deren Kauf nicht von den Erziehungsberechtigten genehmigt wurde, bedingungslos zurücknehmen und den Kaufpreis voll zurückerstatten.

Tierschutzgesetz

Das Deutsche Tierschutzgesetz ist von jedem Halter ebenfalls zu beachten. Besonderes Augenmerk gilt folgendem Absatz:

TierSchG § 2
Wer ein Tier hält, betreut oder zu betreuen hat,
1. muss das Tier seiner Art und seinen Bedürfnissen entsprechend angemessen ernähren, pflegen und verhaltensgerecht unterbringen,
2. darf die Möglichkeit des Tieres zu artgemäßer Bewegung nicht so einschränken, dass ihm Schmerzen oder vermeidbare Leiden oder Schäden zugefügt werden,
3. muss über die für eine angemessene Ernährung, Pflege und verhaltensgerechte Unterbringung des Tieres erforderlichen Kenntnisse und Fähigkeiten verfügen

Wie dieses Gesetz ausgelegt wird, ist für die Heimtierhaltung nicht vorgeschrieben und liegt damit leider erst einmal im Ermessen des Halters respektive des zuständigen Amtsveterinärs. Es gibt zwar Empfehlungen, beispielsweise die Merkblätter der Tierärztlichen Vereinigung für Tierschutz sowie Fachartikel, Merkblätter und Gutachten, die das Bundesministerium für Ernährung, Landwirtschaft und Verbraucherschutz herausgibt, allerdings sind das eben nur Empfehlungen, die nicht rechtsverbindlich sind. Es gibt in Deutschland also keine rechtsverbindlichen Regelungen zur Gehegegröße, Einrichtung oder Ernährung von Kaninchen in der Heimtierhaltung. In anderen Ländern existieren mitunter entsprechende Regelungen.

Kaninchen sind durch das Tierschutzgesetz geschützt. Foto: K. Aretz

Vor der Anschaffung

Während bei der Anschaffung von Luxusgütern wie Spielekonsolen, Handys und Autos oft lange Preise und Ausstattung verglichen werden, damit das gewählte Produkt wirklich gut zu einem passt, ist es ist leider nicht unüblich, dass zukünftige Tierhalter nach dem Entschluss zum Tierkauf in den erstbesten Fachmarkt gehen, einfach irgendein Tier mitnehmen, das ihnen gefällt, und sogar meist nicht einmal einen Verkäufer um Rat fragen. Dabei sollte doch gerade vor dem Entschluss, Verantwortung für ein Lebewesen zu übernehmen, etwas mehr Sorgfalt an den Tag gelegt werden. Vor der Anschaffung muss sich der zukünftige Tierhalter sehr genau überlegen, ob das gewählte Tier zu seinen persönlichen Lebensumständen passt und auch in Zukunft passen wird. Es ist zu klären, ob das Tier den Anforderungen, die der Halter an das Tier stellt, gerecht wird, und ob der Halter den Anforderungen, die das Tier an ihn stellt, ebenfalls gerecht werden kann.

Achtung!

Oft werden die Tierarztkosten vorab nicht bedacht. Dabei ist bei jedem Kaninchen ein- bis zweimal im Jahr ein Tierarztbesuch fällig, denn alle Kaninchen müssen geimpft werden (siehe „Gesunderhaltung"). Ein Kostenfaktor ist ebenfalls die Kastration der Rammler. Kommt dann noch eine Krankheit hinzu, können die Tierarztkosten die Anschaffungskosten für die Kaninchen schnell bei Weitem überschreiten.

Grundsätzliche Überlegungen

Wer sich Kaninchen anschafft, muss sich darüber im Klaren sein, dass sie acht Jahre und älter werden können. Das ist ein sehr langer Zeitraum, für den man die Verantwortung für die Tiere übernehmen muss. Täglich müssen Kaninchen mehrmals mit Nahrung versorgt werden; gerade in der Außenhaltung ist das keine leichte Aufgabe. Bei jedem Wetter muss der Halter täglich die Kaninchen füttern, und jede Woche muss das Gehege gereinigt werden, ob es regnet, hagelt, schneit oder verlockender Sonnenschein den Halter ins Freibad zieht. Es findet sich auch nicht immer ein netter Nachbar oder ein Verwandter, der bereit ist, die Kaninchen im Urlaub zu versorgen. Sogar kurze Wochenendausflüge können so zu einem Problem werden. Auf alle Fälle sollte also vor der Anschaffung geklärt werden, wo die Kaninchen im Urlaub untergebracht werden können. Tierschutzvereine und Notaufnahmen bieten eine Urlaubspflege an, allerdings ist auch das mit Kosten und Aufwand verbunden. Kostenintensiv kann auch die Behandlung kranker Kaninchen durch einen Tierarzt sein.

Nicht immer finden alle Familienmitglieder die Idee gut, mit Kaninchen unter einem Dach zu wohnen. Jedes Familienmitglied sollte vorab gefragt werden, ob es

Kuscheltier Kaninchen?

Die meisten Kaninchen lassen sich nicht gerne hochheben und herumtragen. Werden die Tiere häufig im Käfig oder beim Freilauf gejagt (z. B. um sie einzufangen), entwickeln sie schnell eine Scheu gegenüber dem Menschen. Streicheleinheiten mögen die Tiere zwar gewöhnlich gerne, aber nicht immer dann, wenn ihrem Pfleger gerade danach ist. Aus diesem Grund sind Kaninchen keine „Kuscheltiere" und eignen sich nur für verantwortungsvolle Kinder, die die Bedürfnisse ihrer Vierbeiner akzeptieren.

mit den Haustieren einverstanden ist. Auch in Wohngemeinschaften ist vorab zu klären, ob alle Mitbewohner mit Kaninchen zusammenleben möchten. Oft werden Kaninchen wegen Allergien abgegeben. Damit es nicht so weit kommt, sollten alle Familienmitglieder vor der Anschaffung der Kaninchen einen Allergietest machen lassen. Dabei sollte geprüft werden, ob eine Allergie gegen Kaninchen, eine Heu- oder eine Stauballergie vorliegen. Ist einer der Tests positiv, muss auf die Haltung von Kaninchen in der Wohnung verzichtet werden, es käme dann nur noch eine Außenhaltung in Frage.

Die Haltung von Kaninchen in der Wohnung ist grundsätzlich nicht ganz unproblematisch. Nicht alle Kaninchen werden stubenrein. Leider kommt es dann bei „unsauberen" Tieren oft dazu, dass sie keinen Auslauf mehr bekommen und ihr Leben in einem engen Käfig verbringen müssen. Das ist für die Kaninchen unzumutbar, und ein angehender Kaninchenhalter sollte sich sehr genau überlegen, ob er mit Kötteln und gelegentlichen Pfützen auf dem Teppich oder auch auf der Couch, auf Sesseln etc. leben kann. Die Gehegeumgebung der Kaninchen wird oft durch herausgebuddelte

Kaninchen kuscheln gerne miteinander, aber nicht immer gern mit ihrem Halter.
Foto: K. Aretz

Einstreu und durch Heu verschmutzt. Kaninchen sind zwar systematisch gesehen keine Nagetiere, aber das scheinen sie selbst nicht so genau zu wissen … Darum wird beim Auslauf alles angenagt, was den Tieren vor die Schnauze kommt. Besonders gern werden Tapeten von der Wand gezogen, Kabel angenagt, Bücher zerlegt, aber auch Lautsprecherboxen müssen dran glauben und Gardinen, Teppiche und Möbelbeine, Kleidung und Türrahmen, Zimmerpflanzen, Schuhe etc., diese Aufzählung könnte seitenlang weitergeführt werden. Die Vorlieben sind unterschiedlich, sicher ist jedoch: Jedes Kaninchen findet irgendetwas lecker, das der Halter lieber im Ganzen behalten hätte. Möchte der Halter dem kompletten Zerlegen seiner Wohnung entgehen und die Kaninchen trotzdem in der Wohnung halten, dann benötigen Kaninchen ein sehr großes Gehege. Mindestens 2 m² pro Kaninchen sollten als dauerhafte Gehegegrundfläche vorhanden sein. Nicht zu vergessen ist auch, dass Kaninchen Lebewesen sind, die hohe Ansprüche an ihre Ernährung, Haltung und Pflege stellen. Der verantwortungsvolle Halter ist verpflichtet, sich vorab umfassend zu informieren und sollte auch bereit sein, immer wieder dazuzulernen.

Kaninchen haben die Wohnung ihrer Halter meist „zum Fressen gerne". Foto: I. Rogalla

Kaninchen und Kinder?

Oft werden Kaninchen als angeblich leicht zu handhabende Kuscheltiere für Kinder gekauft. Allerdings: Kaninchen sind kein Kinderspielzeug und auch nicht immer zum Knuddeln und Spielen aufgelegt. Es sind Lebewesen mit einem starken Willen. Kaninchen können durchaus auch mal beißen oder kratzen und sich so schmerzhaft gegen die Kinder wehren. Sollen Kaninchen für Kinder angeschafft werden, muss auf alle Fälle bedacht werden, dass die Verantwortung für diese Tiere immer in den Händen Erwachsener liegen muss, und jedes Tier bedeutet eine große Verantwortung, wie klein es auch sein mag! Kleinkinder unter drei Jahren sollten auf keinen Fall allein mit den Tieren spielen dürfen. So junge Kinder sind zu grobmotorisch, es fehlt ihnen die Möglichkeit abzuschätzen, ab wann sie dem Tier Schmerzen bereiten. So kann es durch zu festes Zupacken oder gar Fallenlassen zu schweren Verletzungen der Kaninchen kommen, ebenso könnten die Kaninchen kleine Kinder verletzen, wenn sie sich gegen das Kind wehren. Sehr kleine Kinder sollten in erster Linie anhand von Stofftieren den Umgang mit Tieren üben und die „Familienkaninchen" nur streicheln dürfen, wenn ein Erwachsener anwesend ist, der das Tier hält und aufpasst. Ältere Kinder, ca. ab dem vierten Lebensjahr, können durchaus schon bei der Versorgung der Tiere helfen. Sie lernen langsam, das Tier als lebendiges und fühlendes Mitgeschöpf zu sehen. Trotzdem ist das Kaninchen auch für Kinder in diesem Alter immer noch nur ein Spielzeug, das eigene Wünsche und Bedürfnisse befriedigen soll. Es ist auch hier absolut notwendig, dass Erwachsene den Umgang der Kinder mit den Tieren überwachen und den Kindern beibringen, wie die Tiere zu behandeln sind. Bis zum vollendeten 9. Lebensjahr sollten Kaninchen grundsätzlich nur zusammen mit Erwachsenen versorgt und aus dem Gehege genommen werden. Kinder ab dem 10. Lebensjahr können durchaus ihre Kaninchen teilweise selber versorgen, die Gehege putzen, die Tiere füttern etc. Allerdings: Auch hier ist es unbedingt notwendig, dass die Versor-

Allein oder in der Gruppe?

Als soziale Tiere, die den ständigen Kontakt zu Artgenossen brauchen, dürfen Kaninchen nicht alleine gehalten werden. Auch ein Meerschweinchen kann keinen Artgenossen ersetzen!

Kaninchen fühlen sich nur in Gesellschaft von Artgenossen richtig wohl. Foto: K. Aretz

gung der Tiere <u>täglich</u> von einem Erwachsenen kontrolliert wird. Kinder und auch Teenager vergessen über das Spiel oder die anstrengenden Hausaufgaben unter Umständen mal ihre Pflichten gegenüber ihren Haustieren.

Wie viele Kaninchen?

In freier Wildbahn leben Kaninchen in großen Sippen/Gruppen zusammen. Sie grasen zusammen, kuscheln miteinander, putzen sich ausgiebig, geben sich gegenseitig Sicherheit in der Gruppe und haben eine strenge Rangordnung untereinander. Auch wenn unsere Kaninchen seit Jahrhunderten domestiziert wurden, sind es immer noch Gruppentiere. Unsere gezähmten und an den Menschen gewöhnten Kaninchen brauchen noch immer einen Kaninchenpartner. Zusammen erkunden sie ihre Umwelt, schlafen eng aneinander gekuschelt und betreiben intensive gegenseitige Fellpflege. Kein Mensch kann den Kaninchenpartner ersetzen. Es ist auch nicht richtig, dass einzeln gehaltene Tiere immer zahmer würden – oft werden gerade Weibchen regelrecht angriffslustig, wenn ihnen der Kaninchenpartner vorenthalten wird. Also muss sich der Halter von vornherein für mindestens zwei oder mehr Kaninchen entscheiden. Einzelhaltung sollte nur ein kurzfristiger Kompromiss sein, z. B. bei kranken Tieren oder bei Rammlern, die frisch kastriert wurden.

Welche Kombination passt?

Die Haltung eines Weibchens mit einem kastrierten Rammler hat sich als die stabilste und harmonischste Haltungsform bewährt. Daher wäre es ideal, sich von Anfang an für ein Kaninchenpaar zu entscheiden und den Rammler früh kastrieren zu lassen (ab der 8. Lebenswoche). Zwei gleichgeschlechtliche Kaninchen verstehen sich normalerweise bis zur Geschlechtsreife gut, danach werden häufig schwere Rangkämpfe ausgetragen, und die Kaninchen müssen getrennt werden. Wenn Rammler vor der Geschlechtsreife kastriert werden, dann besteht eine recht hohe Wahrscheinlichkeit, dass sie sich dauerhaft verstehen. Unkastrierte Rammler hingegen vertragen sich meist absolut nicht und fechten nach der Geschlechtsreife blutige Rangkämpfe aus.

Tipp: In größeren Gruppen und bei entsprechendem Platzangebot können auch mehrere kastrierte Rammler mit mehreren Weibchen zusammen gehalten werden.

Nicht immer sorgt dann eine Kastration dafür, dass sich die Rammler wieder verstehen. Oft wird behauptet, Weibchen aus einem Wurf, Mutter und Tochter oder Tiere, die jung zusammenkamen, würden sich gut verstehen. Das stimmt nicht. Es gibt Ausnahmen, aber häufig vertragen sich Weibchen nach Abschluss der Geschlechtsreife, also spätestens ab dem 6.–8. Monat, nicht mehr. Es kommt dann zu heftigen Rangkämpfen, und meist müssen die Weibchen nun dauerhaft

getrennt werden. Es ist auch zu beobachten, dass Häsinnen, die dauerhaft zusammen leben, sich nur halbherzig vertragen und eher eine gleichgültige Part-
nerschaft bzw. eine Zweckgemeinschaft führen. Auch kommt es recht häufig zu
Streit um Futter oder Ruheplätze. Erwachsene Weibchen können nur schwer aneinander gewöhnt werden, meist klappt es nicht, sondern kommt zu heftigen Auseinandersetzungen.

Welche Rasse?

Als Heimtiere besonders beliebt sind Zwergkaninchen und Zwergkaninchen-
Mischlinge. Selten werden im Fachhandel reinrassige Zwergkaninchen angeboten, die meisten dort verkauften Kaninchen sind Mischlinge. Echte Zwergkaninchen weisen folgende Merkmale auf: Erwachsene Tiere wiegen zwischen 1,1
und 1,9 kg (Tiere unter 1 kg werden als Qualzuchten eingestuft), haben einen etwas walzenförmigen und runden Körperbau, ihr Kopf ist im Vergleich zum Körper
relativ groß, sie haben eine breite Stirn und relativ kurze Ohren. Mischlinge
dagegen ähneln oft mehr Wildkaninchen. Sie können zwischen 1,1–2 kg und
schwerer werden, haben einen eher länglicheren Körperbau, einen ebenfalls läng-

Es gibt viele verschiedene Rassen und Farben. Foto: S. Wilde

licheren Kopf, und ihre Ohren sind länger. Besonders beliebt als Heimtiere sind Löwenköpfchen; diese Kaninchen sind vom „Zentralverband Deutscher Rasse-Kaninchenzüchter e.V." (ZDRK) allerdings nicht als Rasse anerkannt und gelten ebenfalls als Mischling. Für die Heimtierhaltung spielt das kaum eine Rolle – die Größe hingegen schon eher. Wer sicher gehen will, dass er echte Zwergkaninchen bekommt, der kauft seine Tiere am besten beim anerkannten Rassezüchter. Rassetiere haben im Ohr eine Tätowierung, die Aufschluss über Geburtsdatum und Zuchtstätte gibt. Natürlich können auch größere Rassen als Heimtiere gehalten werden. Die Auswahl der passenden Rassen bleibt im Grunde dem Halter und seinem persönlichem Geschmack überlassen.

> **Tipp:** Es ist grundsätzlich möglich, verschiedene Rassen und Größen zusammen zu halten, denn im Verhalten ähneln sich alle Kaninchen. Sehr große Kaninchen gelten allerdings als etwas ruhiger und werden oft sogar von Zwergkaninchen stark dominiert.

Kaninchen und andere Haustiere

Kaninchen und Meerschweinchen

Es wird immer noch oft empfohlen, einzelnen Kaninchen ein Meerschweinchen als Partner dazu zu gesellen: „Damit es wenigstens nicht allein ist". Doch diese Kombination ist immer nur eine Notgemeinschaft! Zwar vertragen sich Kaninchen oft mit Meerschweinchen, d. h. sie tun sich meist nichts und leben nebeneinander her, aber das ist kein Argument für das Zusammenhalten dieser völlig verschiedenen Tiere.

Ein häufig genannter Grund für das Vergesellschaften einzelner Rammler mit Meerschweinchen ist, dass sich Rammler nicht mit Artgenossen vertragen würden. Dies stimmt aber nur, wenn die Rammler unkastriert sind, kastrierte Rammler vertragen sich mit Weibchen sehr gut, früh kastrierte Rammler können sogar zusammen gehalten werden. Leider wird auch als Argument vorgebracht, durch eine solche Vergesellschaftung könnten die Kastrationskosten gespart werden. Spätestens wenn der Rammler geschlechtsreif wird, merkt der Halter, dass dem nicht so ist. Unkastrierte Rammler markieren verstärkt und berammeln ihre Meerschweinchenpartner mitunter so stark, dass es zu schweren Verletzungen kommt.

Meerschweinchen und Kaninchen haben völlig verschiedene Sprachen. Senkt ein Kaninchen den Kopf, will es geputzt werden, ein Meerschweinchen wertet diese Geste jedoch als sexuelle Annährung oder Unterwerfung. Meerschweinchen begrüßen sich, indem sie sich im Gesicht beschnuppern, Kaninchen beschnuppern sich am Hinterteil. Meerschweinchen haben eine andere Duftsprache als Kaninchen und außerdem eine sehr komplexe Lautsprache, die Kaninchen überhaupt nicht beherrschen. Also wird ein Meerschweinchen sein ganzes Leben lang nie wieder „seine Sprache" hören, umgekehrt wird es das Kaninchen niemals putzen, weil sich Meerschweinchen im Normalfall nicht gegenseitig putzen, was für Kaninchen aber zum Zusammenleben und zur täglichen Pflege des Fells und der Rangordnung gehört. Meerschweinchen kuscheln auch nicht miteinander, während Kuscheln für Kaninchen ein wichtiger Bestandteil des Zusammenlebens ist – also werden Meerschweinchen von Kaninchen „zwangsgekuschelt". Beißereien sind nicht selten eine Folge falsch verstandener Verhaltensmuster.

Wichtig! Kaninchen und Meerschweinchen brauchen immer einen Artgenossen zum Spielen und Kommunizieren. Einzelhaltung mit artfremden Tieren ist absolut nicht tiergerecht!

Zu erwähnen wäre noch, dass auch keine Artverwandtschaft zwischen den hasenartigen Kaninchen und Meerschweinchen besteht und sie aus verschiedenen Erdteilen kommen, sich also in freier Wildbahn nicht begegnen würden.

Mehrere Kaninchen mit mehreren Meerschweinchen können jedoch eventuell zusammen Auslauf bekommen, wenn die Tiere sich vertragen. In sehr großen Gehegen ist eine Gemeinschaftshaltung möglich, die Meerschweinchen sollten aber auf jeden Fall einen Bereich bekommen, in den sie sich zurückziehen und den die Kaninchen nicht betreten können (z. B. durch eine Röhre abgetrennt). Ebenso ist eine getrennte Fütterung der Tiere notwendig. Allerdings kann es durchaus dazu kommen, dass die stärkeren Kaninchen die Meerschweinchen nicht nur dominieren, sondern auch angreifen und verletzen. Sogar von Meerschweinchen, die Kaninchen angegriffen haben, wird berichtet. Sinnvoll ist eine Gemeinschaftshaltung dieser verschiedenen Arten also auch in dieser Konstellation nicht.

Kaninchen und Katzen

Gerade junge Katzen haben einen natürlichen Spieltrieb. Es ist darauf zu achten, dass die Katzen keinen Zutritt zum Kaninchengehege haben und ein Zusammentreffen der Tiere nur unter Aufsicht stattfindet. Kaninchenjunge passen sehr gut in das Beuteschema von Katzen und müssen grundsätzlich vor diesen geschützt untergebracht werden. Jagt die Katze auch ausgewachsene Kaninchen, oder haben die Kaninchen Angst vor der Katze, müssen die Tiere generell getrennt werden. Oft tun sich Katze und Kaninchen aber nichts, gehen sich gegenseitig aus dem Weg, und es soll sogar schon Kaninchen gegeben haben, die erfolgreich der Katze ihren Lieblingsliegeplatz streitig machten. Vertragen sie sich also, können die Tiere durchaus unter Aufsicht zusammen Auslauf bekommen.

Kaninchen und Hunde

Auch der zahmste Hund ist immer noch ein Raubtier. Hunde sollten deshalb ebenfalls nur unter Aufsicht zu den Kaninchen dürfen. Verbellen die Hunde die Kaninchen oder jagen sie diese, müssen sie von den Kaninchen fern gehalten werden. Auf keinen Fall dürfen die Hunde unbeaufsichtigt zu den Kaninchen.

Kaninchen und Nager wie Hamster, Degus, Mäuse, Chinchillas, Streifenhörnchen etc.

In Einzelfällen „verstehen" sich Kleinnager mit Kaninchen, aber das sind Ausnahmen. Es ist nichts dagegen einzuwenden, wenn diese Tiere bei ausreichendem Platz im selben Raum gehalten werden. Auch wenn es den Anschein hat, als würden sie sich verstehen, kann es schnell zu tödlichen Auseinandersetzungen kommen, von einem gemeinsamen Auslauf ist deshalb abzuraten.

Kaninchen und Vögel

Kaninchen sind sehr geräuschempfindlich, laute und kreischende Vögel sollten nicht im selben Raum mit ihnen gehalten werden.

Von welchem Anbieter?

Die Anschaffung neuer Tiere ist eine Vertrauenssache, grundsätzlich sollte jeder gute Anbieter von Kaninchen folgende Kriterien erfüllen:

- Der angehende Halter wird ausführlich beraten. Die im Beratungsgespräch genannten Haltungsbedingungen und Fütterungshinweise entsprechen in etwa den Hinweisen in diesem Buch. - Der Halter bekommt Informationsmaterial angeboten. Der Verkäufer steht auch nach dem Kauf mit Rat und Tat zur Seite.
- Die Tiere werden nur in tiergerechte Haltung abgegeben.
- Die Kaninchen haben große, saubere Gehege. Die Belüftung ist gut, die Gehege stinken nicht und sind mit allen Einrichtungsgegenständen versehen, die Kaninchen brauchen, um sich wohl zu fühlen.
- Die Tiere sind mit frischem Heu, Grünfutter und Wasser versorgt.
- Die Kaninchen sind im Fachgeschäft nach Geschlechtern getrennt, in Notaufnahmen sind die Rammler kastriert. Die Kaninchen haben Kontakt zu Artgenossen. Beim Züchter werden Zuchtpausen bei den Weibchen eingehalten, also sitzen nicht alle Weibchen mit den Rammlern zusammen.
- Alle Kaninchen im Stall sind gesund, kranke Tiere sind separat untergebracht und werden medizinisch versorgt.
- Es werden nur tiergerechtes Zubehör, Futter und Spielzeug angeboten.
- Es werden keine Kaninchen abgegeben, die jünger als acht Wochen sind, besser wäre eine Abgabe erst ab der 10. Lebenswoche.

Es muss klar gesagt werden, dass solche idealen Bedingungen schwer zu finden sind, ob es sich nun um Züchter, Zoofachgeschäfte oder Notaufnahmen handelt. Daher sollte von vornherein viel Zeit für die Suche nach Kaninchen eingerechnet werden. Es wäre nicht sinnvoll, die Tiere beim erstbesten Anbieter zu erwerben, wenn nicht alle Kriterien erfüllt werden. Oft werden kranke Kaninchen aus Mitleid mitgenommen, aber damit ist niemandem geholfen, denn für jedes Tier, das aus schlechter Haltung und Zucht verkauft wird, folgt ein Tier in genauso schlechte Haltung und aus ebenso schlechter Zucht nach.

Tierheime/Notaufnahmen

Ein klarer Vorteil von Kaninchen aus diesen Quellen ist sicher der, dass der Halter einfach das gute Gefühl bekommt, einem Tier in Not geholfen zu haben. Auch muss die Auswahl nicht kleiner sein, die Tiere in Tierheimen sind nur in Ausnahmefällen krank oder alt. Babys aus ungewollten Trächtigkeiten und Rassetiere warten ebenso oft im Tierheim auf ein neues Zuhause. Gewöhnlich sind die Rammler im Tierheim schon kastriert und Paare zusammengeführt, also erspart sich der neue Halter die aufregende und teure Kastration. Sind die Tiere erwachsen, sieht der Halter gleich, wie groß sie sind und erlebt auch da keine Überraschungen mehr. Nicht selten können Pflegestellen oder Tierheimmitarbeiter auch Auskünfte über den Charakter und die Vorlieben der Tiere geben, sodass ein neuer Halter gut auf seine neuen Kaninchen vorbereitet wird.

Es soll aber nicht verschwiegen werden, dass es natürlich im Tierheim auch Kaninchen gibt, die dem Halter Probleme bereiten können. Manche Kaninchen haben das Vertrauen zu Menschen verloren, andere sind krank und verursachen bei der Haltung hohe Kosten. Solche Kaninchen sind nicht für Anfänger geeignet, und eine gute Notaufnahme gibt solche Kaninchen auch keinesfalls an Neulinge ab.

Tipp: Tierheime und Tierschutzorganisationen sind gute Anlaufstellen, wenn Sie sich Kaninchen anschaffen möchten. Suchen Sie für Ihr Kaninchen ein Partnertier, bekommen Sie hier meist auch Unterstützung bei der Zusammenführung der Tiere.

Züchter

Wird eine bestimmte Rasse bevorzugt, dann sind Rassezüchter die richtige Anlaufstelle. Hier kann der zukünftige Halter oft auch die Elterntiere seiner neuen Mitbewohner sehen und so genau abschätzen, wie groß seine Kaninchen einmal werden. Der zukünftige Halter wird über die rassespezifischen Besonderheiten seiner Heimtiere aufgeklärt, und er ist der erste Besitzer (nach dem Züchter) seiner Kaninchen – so werden sie von Anfang an auf ihn geprägt.

Wussten sie eigentlich ...? Gute Züchter haben nur wenige Rassen und Farbenschläge und betreiben nur in Ausnahmefällen Einzelhaltung. Jeder ernsthafte Züchter kann ein Zucht- und ein Bestandsbuch vorweisen, in dem Krankheiten, Verpaarungen und Besonderheiten vermerkt sind.

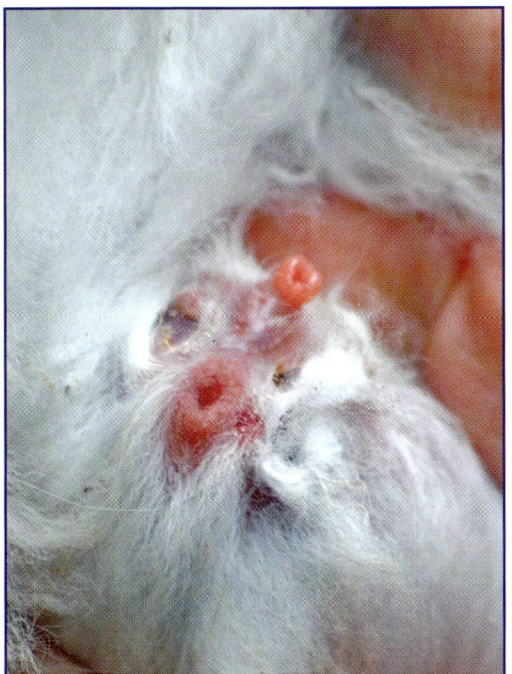 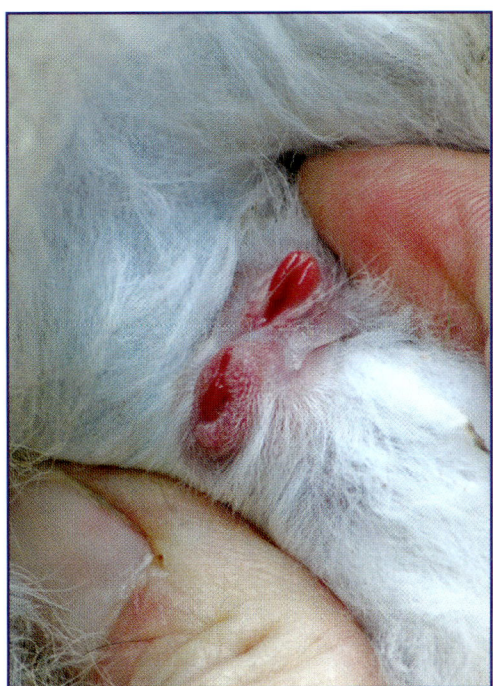

Geschlechtsunterscheidung: links der Rammler, rechts die Häsin Fotos: K. Aretz

Zoofachgeschäfte

Leider halten nur wenige Zoofachgeschäfte die genannten Kriterien ein. Ein Vorteil von Zoofachgeschäften ist sicher, dass es meist relativ viele davon in der Nähe des Halters gibt. Es ist möglich, das benötige Zubehör vor Ort zu erwerben, was die Anschaffung sicher erleichtert. Und die Auswahl an verschiedenen Kaninchen in diversen Farben ist oft umfangreich. Allerdings ist häufig nicht klar, wie groß die angebotenen Kaninchen werden, da es sich häufig um Mischlinge handelt.

Der Kauf

Vor dem Kauf sollte das Gehege für die Kaninchen komplett eingerichtet werden. Beim Anbieter wird noch einmal sichergestellt, dass die angebotenen Kaninchen nicht jünger als acht Wochen sind. Es ist ratsam, die Kaninchen anschließend gründlich im Beisein des Anbieters zu untersuchen und nur gesunde Tiere zu nehmen. Werden bewusst kranke Notfalltiere aufgenommen, ist es nötig, sich genau zu informieren, wie diese zu versorgen sind. Außerdem müssen sie

Tipp: Erwachsene Tiere sollten einen Impfpass besitzen, der beim Verkauf übergeben wird. Mit Jung-tieren muss innerhalb der nächsten Wochen nach dem Kauf ein Tierarzt aufgesucht werden, um sie impfen zu lassen. Generell ist ein Tierarzt-besuch zum gründlichen Gesund-heits-Check nach dem Kauf im-mer sinnvoll.

natürlich unverzüglich nach dem Kauf dem Tierarzt vorgestellt werden.

Es ist wichtig, sich zu informieren, welche Futtermittel die Kaninchen gewohnt sind und gegebenenfalls das gewohnte Trockenfutter der Tiere mitzunehmen. Inner-halb der nächsten Wochen kann der Halter dann langsam auf die von ihm bevorzugt gereichte Trockenfuttermi-schung oder die gesündere, trockenfutterfreie Fütterung umstellen. So werden Darmprobleme durch eine zu schnelle Futterumstellung verhindert. Auf alle Fälle sollte der Halter noch einmal eine Geschlechtsbestimmung vorneh-men (lassen). Nicht selten findet sogar beim Züchter oder im Zoo-fachgeschäft eine falsche Geschlechtsbestimmung statt.

Geschlechtsbestimmung

Zwergkaninchenrassen werden mit ca. drei Monaten geschlechtsreif. Große Ka-ninchen („Schlachtkaninchen" ab ca. 5 kg) mit 4–5 Monaten. Allerdings gibt es durchaus frühreife Kaninchen, es empfiehlt sich also, sie bereits mit ca. 10–12 Wochen nach Geschlechtern zu trennen. Das Geschlecht ist bei ausgewachsenen Tieren sehr gut zu erkennen. Zur Geschlechtsbestimmung wird das Kaninchen auf den Rücken in den Schoß des Halters gelegt (mit dem Kopf zum Halter, um das Tier so gut zu fixieren). Mit Zeigefinger und Daumen zieht man dann Fell und Haut am Genitalbereich vorsichtig auseinander. Unter der Schwanzwurzel liegt die runde, punktartige Analöffnung, weiter oben zum Bauch hin die Geschlechtsöff-nung. Beim Weibchen ist diese länglich und sieht aus wie ein Schlitz. Beim Ramm-ler ist diese Geschlechtsöffnung punktförmig. Um einen Rammler eindeutig zu er-kennen, ist es sinnvoll, vorsichtig den Penis hervorzudrücken. Kurz vor der Ge-schlechtsöffnung wird dazu sanft auf den Bauch oder leicht vom Bauch in Richtung Geschlechtsöffnung gedrückt, dadurch tritt der Penis hervor. Bei Rammlern ab dem vierten Lebensmonat kann auch der Laie die Hoden gut erkennen. Gerade bei jungen Böcken sind die Hoden allerdings häufig nicht zu sehen. Kaninchen können ihre Hoden nämlich in die Bauchhöhle einziehen.

Kastration

Grundsätzlich sind alle Rammler in der Heimtierhaltung zu kastrieren. Nur kastriert können die Tiere vergesellschaftet werden. Unkastrierte Rammler markieren überdies sehr stark – auch das wird durch die Kastration vermindert. Empfehlenswert ist die Frühkastration vor der Geschlechtsreife, bei Zwergkaninchen zwischen der 8. und 10. Lebenswoche, bei großen Rassen bis zur 16. Woche. Nach einer Frühkastration kann der Rammler sofort wieder mit seiner Gruppe oder ggf. mit einem Weibchen vergesellschaftet werden und bleibt nicht lang allein. Bei der Aufnahme eines Geschwisterpaares sollte rechtzeitig ein kaninchenerfahrener Tierarzt gesucht und ein Termin für die Kastration gemacht werden.

Vor- und Nachsorge bei einer Kastration

Wichtig!
Ein Rammler, der vor der Kastration schon geschlechtsreif war, bleibt zwischen drei und sechs Wochen zeugungsfähig, darf also erst nach sechs Wochen Quarantäne zum Weibchen!

V or und nach der Kastration sollte durchgehend Heu zur Verfügung stehen. Frischfutter könnte allerdings zu Fehlgärung im Darm führen, wenn es kurz vor der Narkose gegeben wird. Die letzte Fütterung sollte ca. 4 Stunden vor der OP stattfinden. Der frisch operierte Rammler sollte beim Tierarzt während der Aufwachphase, auf dem Heimweg und auch zu Hause bis zum vollständigen Aufwachen auf einem Wärmekissen oder einer durch ein Handtuch gesicherten Wärmflasche liegen. Bei sehr hohen Temperaturen, also vor allem im Hochsommer, sollte der Transport so kurz wie möglich sein und nur in den frühen Morgen- oder den späten Abendstunden stattfinden.

Wussten Sie eigentlich ...?
Kaninchen erbrechen normalerweise nicht und sollten auf keinen Fall vor der OP ausgenüchtert werden, das würde zu einer lebensbedrohlichen Verdauungsstörung führen.

Nach der OP sollte der Patient in seinem gewohnten Gehege noch einige Tage auf Handtüchern, Zeitungen oder Einstreukissen gehalten werden. Staubende Einstreu könnte zu Entzündungen an der frischen Narbe führen, Stroh könnte sich in dem Nahtmaterial verfangen und zu Verletzungen führen. Selbstverständlich sollte der Rammler während der Zeit nach der OP gut beobachtet und täglich untersucht werden. Die Narbe muss täglich kontrolliert werden, und beim geringsten Anzeichen von Verdickungen, Abszessen sowie bei einer stärkeren Gewichtsabnahme des Tieres oder sonstigen Krankheitsanzeichen (siehe „Gesunderhaltung") sollte sofort ein Tierarzt aufgesucht werden!

Transport

B eim Kauf muss eine geeignet Transportbox für die Kaninchen zur Verfügung stehen. Transportboxen werden häufiger benötigt, nicht nur beim Kauf, sondern auch für spätere Tierarztbesuche (mindestens zweimal im Jahr zur Impfung). Die Box muss groß genug sein, dass zwei Kaninchen bequem darin liegen und sich auch bewegen können. Manche Kaninchen geraten in diesen Boxen stark unter Stress, und es kommt zum Streit zwischen den Tieren. Es ist deshalb immer sinn-

Nur selten gehen Kaninchen freiwillig in ihre Transportbox. Foto: A. Zenker

voll, für jedes Kaninchen eine eigene große Box bereit zu halten. Eine große Öffnung vorne und ein leicht zu öffnender Deckel erleichtern das Handling der Box. Belüftungsschlitze sind wichtig, trotzdem sollte die Box dunkel sein und so den Kaninchen Sicherheit geben. Durchsichtige Plastikbehälter eignen sich nicht, Kaninchen sind darin zu gestresst. In der Box sollte sich eine Lage Einstreu befinden, für den Tierarztbesuch eher ein Handtuch. Darüber wird eine Lage Heu verteilt, darin können sich die Kaninchen verstecken und es dient als Beschäftigung während des Transportes. Ein Stück Möhre oder das Lieblingsgemüse versüßen den Tieren die Zeit in der Box ebenfalls. Im Sommer ist auf eine stärkere Belüftung der Box zu achten. Hier haben sich kleine Hamsterkäfige als Transportmittel bewährt. Diese werden teilweise mit einem Handtuch abgedeckt. Im Winter müssen die Kaninchen gewärmt werden, eine Wärmeflasche unter dem Transporter oder – in ein Handtuch gewickelt – im Transporter ist dann nötig. Da diese meist während der langen Wartezeiten beim Tierarzt auskühlt, hat es sich als sinnvoll erwiesen, heißes Wasser in einer Thermoskanne zum Nachfüllen mitzuführen, um die Wärmeflasche vor dem Rückweg nachzufüllen. Der Transportweg sollte möglichst kurz sein.

Achtung!
Auf keinen Fall dürfen die Kaninchen in der Transportbox im Auto belassen werden, während der Halter etwa noch Einkäufe tätigt. Idealerweise wird der Kauf der Tiere und auch der Tierarztbesuch in die frühen Morgen- oder die späten Abendstunden gelegt. Vor allem im Sommer dürfen Kaninchen nur im absoluten Notfall über Mittag transportiert werden.

Vertrauen aufbauen

Eingewöhnung neuer Kaninchen

Vertrauen aufbauen

Ein Umzug in ein neues Revier, in eine ungewohnte Umgebung und zu fremden Menschen ist für Kaninchen extrem anstrengend. In den ersten Tagen nach der Ankunft im neuen Zuhause benötigen Kaninchen viel Ruhe. Während der ersten Woche sollten alle Familienmitglieder besonders Rücksicht auf die Neuankömmlinge nehmen. In der Nähe des Geheges herrscht Ruhe, keine laute Musik, kein Kindergeschrei und kein Türenknallen sind erlaubt, damit die Kaninchen in der ersten Zeit nicht unnötig erschreckt werden. Bei jeder Fütterung sollte sich der neue Halter vorsichtig und langsam dem Gehege nähern und auf die Kaninchen beruhigend einreden. Schon bald werden die Tiere ihre Scheu verlieren und

Ein Leckerchen aus der Hand macht aus Fremden Freunde. Foto: A. Zenker

merken, dass der Halter ihnen Futter bringt – die Neugier der Kaninchen wird über den Instinkt des Fluchttieres siegen. Es kann sicher eine Zeit dauern, bis die Kaninchen sich dem gereichten Frischfutter nähern und aus der Hand fressen. Aber wenn der Halter viel Geduld mitbringt und ruhig am Gehege sitzen bleibt, dann verlieren mit der Zeit alle Kaninchen ihre Scheu. Wenn die Tiere in Gegenwart des Halters munter ihren Käfig erkunden und angefangen haben aus der Hand zu fressen, sich in menschlicher Gesellschaft zu putzen und vielleicht schon ausgestreckt im Gehege liegen und sich entspannen, kann versuchet werden, die Tiere vorsichtig an den Ohren zu kraulen. Halten sie dabei still, ist es möglich, das Greifen und Hochheben der Kaninchen zu üben. Dazu legen Sie die Hand immer wieder über den Nacken des Tieres oder halten es vorsichtig fest, wenn es am Boden sitzt. Wenn das Vertrauen so weit hergestellt ist, dass die Kaninchen dabei nicht in Panik geraten, kann als Nächstes der Auslauf in der Wohnung in Angriff genommen werden.

Vorsicht!
Auf keinen Fall dürfen neue Kaninchen sofort gegriffen und hochgenommen werden, das würde das Vertrauen zwischen Halter und Kaninchen nachhaltig stören. Auch „Zwangskuscheln" auf dem Schoß des Halters ist keine geeignete Maßnahme, um die Tiere zu zähmen!

Richtiges Hochnehmen und Tragen

Für Kaninchen ist das Hochnehmen i.d.R. mit sehr viel Stress und anfänglich sogar mit Todesangst verbunden. Als reine Bodenbewohner verlieren sie nicht gern den Boden unter den Pfoten. Wenn Kaninchen hochgenommen werden, glauben sie instinktiv, dass sie von einem Fressfeind gefangen wurden und sterben müssen, außerdem bereitet ihnen das Hochnehmen sogar mitunter Schmerzen. Daher sollten die Tiere nur selten hochgenommen und getragen werden. Im Grunde ist das Hochnehmen nur nötig für den Gesundheits-Check, bei Krankheit und Tierarztbesuchen oder in seltenen Fällen auch dann, wenn die Tiere nach dem Auslauf nicht von selber in ihr Gehege zurückgehen. Gerade bei ängstlichen Kaninchen sollte das Hochnehmen schon früh, aber sehr behutsam geübt werden. Nähern Sie sich dem Kaninchen vorsichtig, reden Sie mit ruhiger Stimme auf das Tier ein. Dann wird es mit der Hand am Nacken sanft auf den Boden gedrückt, damit es nicht mehr weglaufen kann. Ausgewachsene oder sehr große Kaninchen hält man dann mit der Hand fest am Nackenfell. Der Griff sollte weder zu fest (das tut weh) noch zu locker (sie können sich sonst losstrampeln) sein. Beim Anheben mit der anderen Hand unter das Hinterteil fassen, um es abzustützen. Das Tier wird

Tipp: Zum Tragen werden kleine Kaninchen auf die Brust gesetzt, mit einer Hand wird das Hinterteil gestützt, und die andere Hand liegt griffbereit auf dem Rücken des Tieres. Der Griff am Rücken dient dazu, das Kaninchen sofort festhalten zu können, wenn es plötzlich zappelt und dadurch stürzen könnte. Denn Stürze (auch aus geringer Höhe) sind sehr gefährlich und enden leider oft mit Knochenbrüchen.

dann angehoben und mit beiden Händen sicher vor der
Brust fixiert. Dabei liegt das
Kaninchen auf dem einen
Arm und wird mit der Hand
am Nacken fixiert. Auf keinen
Fall dürfen die Tiere nur am
Nackenfell hochgezogen werden, das ist für Kaninchen ausgesprochen unangenehm, und
sie fangen nicht selten an zu
zappeln und rutschen dann
schlimmstenfalls aus der Hand.
Dass Kaninchen nicht an ihren
empfindlichen Ohren an- oder
hochgehoben werden dürfen,
versteht sich von selbst. Kleinere Kaninchen und Jungtiere
sollten nicht am Nacken gehoben werden. Hier wird mit
einer Hand um die Vorder-
beinchen gegriffen um diese zu
fixieren und mit der anderen
Hand werden die Hinterbeine
gestützt.

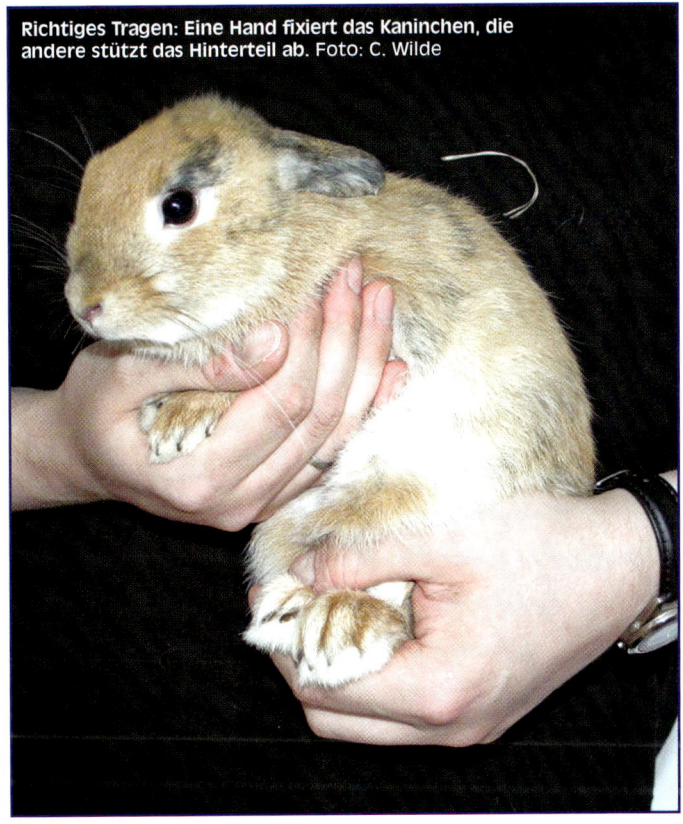

Richtiges Tragen: Eine Hand fixiert das Kaninchen, die andere stützt das Hinterteil ab. Foto: C. Wilde

Kaninchen miteinander vergesellschaften

Kaninchen sind sehr revierbezogene Tiere, die innerhalb ihres Rudels klare Rangstrukturen aufweisen. Daher ist es nicht ganz leicht, Kaninchen aus un-
terschiedlichen Rudeln aneinander zu gewöhnen. Problematisch ist ebenfalls die Vergesellschaftung von Kaninchen, die schon längere Zeit allein leben mussten. Nicht selten werden dominante Kaninchen von ihren Haltern allein gehalten, weil diese mit der Vergesellschaftung überfordert waren. Aber: Kein Kaninchen sollte allein leben müssen, und nahezu jedes Kaninchen kann vergesellschaftet werden! Allerdings ist eine tiergerechte Vergesellschaftung von Kaninchen zeitauf-
wändig und für den Halter mitunter sehr nervenaufreibend.
Eine getrennte Haltung zweier Kaninchen nebeneinander muss eine Ausnahme bleiben, z. B. wenn die Kaninchen aus Krankheitsgründen vorübergehend getrennt

Bei einer Vergesellschaftung geht es häufig turbulent zu. Foto: I. Domaschke

werden müssen. Es bedeutet Stress für ein Kaninchen, wenn ein anderes Kaninchen in der Nähe ist, mit dem es sich nicht verträgt. Klappt die Vergesellschaftung nicht, muss nach einer anderen Möglichkeit gesucht werden – dauerhaft zwei Kaninchen nebeneinander in getrennten Käfigen zu pflegen, ist nicht tiergerecht. Ältere Kaninchen, die ihren langjährigen Partner verloren haben, müssen neue Gesellschaft bekommen. Es ist nicht in Ordnung, einen „Rentner" allein zu lassen, nur weil er vielleicht „nur noch" zwei Jahre lebt und der Halter danach keine Kaninchen mehr haben möchte. Wer die Kaninchenhaltung zu einem bestimmten Zeitpunkt beenden möchte, der muss für das letzte verbliebene Kaninchen ein neues Zuhause in einem anderen Rudel finden.

Grundlagen

Es gibt in vielen Tierheimen und auch bei manchen Züchtern die Möglichkeit, dass sich das Kaninchen dort selbst den Partner „aussucht". So kann schon vorab gesehen werden, ob die Tiere sich zumindest nicht gleich angreifen. Allerdings ist es schon etwas völlig anderes, ob die Kaninchen auf fremdem Terrain und nach beängstigenden Transporten aufeinander treffen oder im eigenen Revier. So kommt es auch zwischen Kaninchen, die sich im Tierheim oder beim Züchter vertragen haben, häufig zu Streitigkeiten im neuen gemeinsamen Zuhause. Kaninchen unter vier Monaten sind meist leicht zu vergesellschaften und vertragen sich oft auf Anhieb. Aber es ist absolut nicht angeraten, ein Jungtier unter vier Monaten mit einem völlig fremden Alttier zusammenzubringen. Babys können sich gegen ältere

Tiere nicht durchsetzen und werden bei Rangkämpfen mitunter schwer verletzt. Alle Jungtiere sollten ohnehin bis zum Alter von 10–12 Wochen bei der Mutter bzw. bei anderen erwachsenen Kaninchen im gewohnten Rudel bleiben. Werden die Tiere dann mindestens zu zweit einem Alttier zugesellt, geht das meist gefahrlos.

Erwachsene Tiere aneinander zu gewöhnen, ist leider nicht ganz leicht, jedoch generell möglich. Idealerweise werden annähernd gleich alte Tiere vergesellschaftet. Allerdings sind Weibchen häufig dominant, daher sollte der Rammler nach Möglichkeit älter oder gleich alt sein. Jüngere Rammler könnten von Häsinnen, die ihr Revier ver-

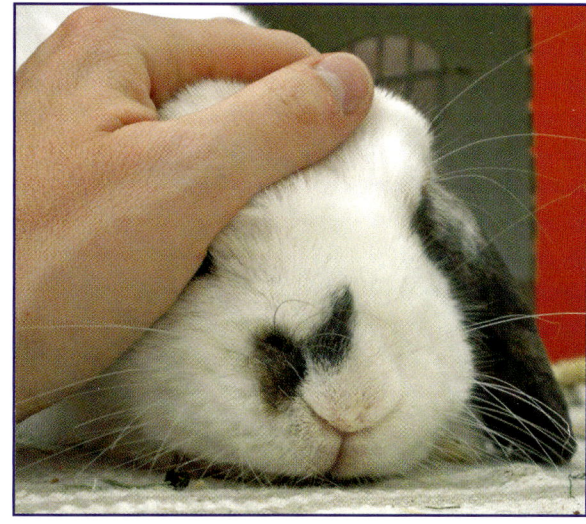

Unterlegenen Tieren kann eine streichelnde Hand Trost spenden. Foto: S. Tschöpe

teidigen, sehr heftig angegriffen werden! Wenn die Rammler allerdings Deckerfahrung haben oder ebenfalls dominant sind, können auch jüngere Rammler zu Weibchen gesetzt werden. Grundsätzlich sollte also der Charakter der Kaninchen vorab bekannt sein, um passende Gruppen zusammenstellen zu können. Nach Möglichkeit sollten die Kaninchen im Revier des Rammlers zusammengebracht werden. Heftigere Auseinandersetzungen gibt es meist, wenn ein Rammler in das Revier des Weibchens gebracht wird. Wie im vorherigen Kapitel nachzulesen ist, passt am besten ein kastrierter Rammler zu einem Weibchen. Grundsätzlich ist bei einer Vergesellschaftung zu bedenken, dass Kaninchen unterschiedliche Charaktere haben, die hier aufeinander prallen. Je mehr Platz Kaninchen zur Verfügung haben, umso einfacher wird die Vergesellschaftung. Auch während der späteren Haltung nimmt die Gefahr von Streitigkeiten und Problemen innerhalb der Gruppe ab, je größer das Gehege ist. Durch ein hohes Platzangebot haben Kaninchen, die sich noch nicht gut vertragen die Möglichkeit, sich aus dem Weg zu gehen und langsam anzunähern.

Wichtig!
Auf keinen Fall dürfen sich Kaninchen, die noch nicht miteinander vergesellschaftet sind, sehen oder riechen. Es ist absolut nicht sinnvoll, die Kaninchen in Käfige nebeneinander zu stellen – so bauen sich auf beiden Seiten nur Aggression und Stress auf. Die Kaninchen möchten ihre Rangordnung klären, können das aber nicht, und es kommt dann bei einer ersten echten Begegnung zu heftigen Auseinandersetzungen. Kaninchen, die vergesellschaftet werden sollen, müssen in der Zeit davor immer in getrennten Räumen untergebracht werden!

Quarantäne

Neue Kaninchen gehören vor der Vergesellschaftung auf alle Fälle erst einmal – so schwer es auch fällt – für mindestens zwei Wochen in Quarantäne. Soll ein Kaninchen unbekannter Herkunft (z. B. Tierheim, Notaufnahme oder Zoofachgeschäft) in ein Rudel integriert werden, muss es vorab vier Wochen in Quarantäne. Auch wenn das neue Kaninchen aus einem guten Stall kommt, kann es Krankheitserreger in sich tragen, die beim neuen Halter nicht vorkommen. Die lange Quarantäne ist notwendig, um zu sehen, ob das Tier evtl. erst kürzlich mit einem Erreger infiziert wurde – die Inkubationszeit einiger Krankheiten beträgt mehrere Wochen. Außerdem kann das neue Kaninchen sich während der Quarantänezeit langsam an den Halter gewöhnen, und der Halter kann diese Zeit nutzen, um das Kaninchen besser kennen zu lernen. Während der Quarantäne sollte das neue Kaninchen besonders gut beobachtet werden, vor allem ist auf Krankheitszeichen zu achten: Ist die Nase trocken, der Kot richtig geformt, verhält es sich artgerecht (s. „Gesunderhaltung")?

Zu Beginn der Quarantäne wird eine Kotprobe des neuen Kaninchens zum Tierarzt gebracht. Es ist sinnvoll, diese auf Kokzidien, Würmer und evtl. Yersinien, Clostridien und Giardien testen zu lassen.

Quarantäne bedeutet: Räumliche Trennung der Neuzugänge von schon vorhandenen Tieren. Es darf keinerlei Kontakt zwischen den Kaninchen stattfinden, auch nicht durch ein Gitter. Eine getrennte Versorgung der Quarantänetiere ist sinnvoll: Sie kommen immer als Letzte an die Reihe, und anschließend sind eine Reinigung der Hände und ggf. frische Kleidung nötig.

Erste Begegnung

Der Halter sollte sich für jede Vergesellschaftung viel Zeit nehmen, ideal sind ein Wochenende oder der Urlaub. Gesellschaft von Freunden beruhigt die Nerven und zu zweit kann bei Problemen auch wesentlich schneller eingegriffen werden. Ein nettes Gespräch lenkt ein wenig vom mitunter beängstigenden Geschehen im Kaninchengehege ab.

Für die erste Begegnung eignet sich am besten ein den alteingesessenen Kaninchen unbekannter, neutraler Raum, der mit genügend Versteck- und Ausweichmöglichkeiten ausgestattet ist. Unbekannt/neutral muss das Terrain sein, damit keines der Tiere Revieransprüche stellen kann. Idealerweise wird ein Bereich der Wohnung gewählt, in dem die Kaninchen bisher noch keinen Auslauf hatten, z. B. das Badezimmer oder der Flur. Bei Außengehegen ist es ratsam, die Vergesellschaftung in einem großen Auslauf durchzuführen, auf keinen Fall im Schutzhaus oder einem kleinen Gehege. Bevor die Kaninchen zusammengelassen werden, wird das Gelände eingerichtet. Große Kartons, Weidenzweigröhren, Korkunterschlüpfe oder große Häuschen mit mehreren Eingängen können den Tieren Schutz und Sicherheit bieten. Es ist dabei dringend darauf zu achten, dass die Kaninchen durch diese Un-

Laufen die Tiere hintereinander her, kann dies der Beginn einer Freundschaft sein.
Foto: I. Domaschke

terschlüpfe hindurchflitzen können. Unterschlüpfe mit nur einem oder ungünstig angebrachten Eingängen werden sonst bei der Vergesellschaftung für das unterlegene Tier zur Falle, dort kann es dann zu heftigen Beißereien und Rangkämpfen kommen. Es ist wichtig, dass unterlegene Kaninchen dem ranghöheren Tier ausweichen können. Gibt es nur eine Tür, wird diese unter Umständen vom nachfolgenden Kaninchen versperrt. Auf dem Gelände werden außerdem mehrere Heuberge sowie ein wenig klein geschnittenes Grünfutter verteilt. Futter lenkt ab, und Heumahlen mindert den Stress für die Kaninchen. Sind die nötigen Vorbereitungen abgeschlossen, werden alle Kaninchen gleichzeitig in den neutralen Raum gebracht. Oft laufen ältere bzw. alteingesessene Kaninchen den Neulingen hinterher, ziehen sie am Fell, bauen sich mit gesträubtem Fell vor ihnen auf und versuchen die Neuen zu berammeln. Diese werden meist fliehen, sich

Tipp: Mitunter werden von Haltern Duftstoffe eingesetzt, damit die Tiere gleich riechen. Davon rate ich ab: Diese Duftstoffe verwirren die Tiere nur kurzfristig, sind oft sogar gesundheitsschädlich, und sobald der „falsche" Duft nachlässt, kommt es ohnehin zu Rangkämpfen. Mitunter kann es jedoch hilfreich sein, den Neuling mit dem urinnassen Streu der vorhandenen Kaninchen abzureiben, damit er einen bekannten Geruch annimmt. Wenn die Kaninchen sehr zahm sind, kann es ebenfalls sinnvoll sein, die Kaninchen immer wieder abwechselnd zu streicheln.

verstecken oder versuchen sich zu wehren. Es kann aber ebenso gut sein, dass die Neulinge aggressiver agieren. Häufig geht es auch ruhiger los, mit gegenseitigem Beschnüffeln an Kopf und After. Meist dreht sich eines der Tiere weg und wird vom anderen Kaninchen kurz gejagt. Dieses Jagen kann mit Brummen, Knurren und Aufreiten einhergehen. Das dominantere Kaninchen versucht das rangniedere Tier zu bespringen. Mitunter springen sich beide Tiere auch aufeinander zulaufend an, es kommt zu einem kurzem Kabbeln, die Tiere jagen sich im Kreis. In seltenen Fällen putzen sich die Tiere gleich und liegen schon bald entspannt nebeneinander.

Nach dem ersten Beschnuppern und sobald die Kaninchen ihre Furcht vor der unbekannten Umgebung überwunden haben, könnte sich folgendes Bild bieten: Gegenseitiges Beschnüffeln aller Rudelmitglieder am Kopf und After, die Kaninchen brummen sich an, springen aufeinander zu und kabbeln sich hin und wieder. Nur im Extremfall wird auch nach dem vermeintlichen Eindringling geschnappt. Solange es dabei zu keinen Wunden kommt, sondern nur Fauchen, Knurren und Schnappen zu beobachten sind, ist dies völlig normal. Es ist ebenfalls normal, dass ein dominantes Weibchen den Bock berammelt, vor allem dann, wenn es „vorher da war" und sein Revier verteidigt. Auch dass Kaninchen sich mit Urin bespritzen, darf nicht verwundern. Selbst wenn es etwas wild, laut und bedrohlich aussieht und ein wenig Fell fliegt, darf nicht eingegriffen werden: Die Kaninchen müssen ihre Rangordnung auf diese Weise klären! Es wirkt beunruhigend, wenn Fellbü-

Die Ohren dieses Widderkaninchens wurden bei einem Rangkampf zwischen zwei Weibchen regelrecht zerfetzt. Foto: S. Wilde

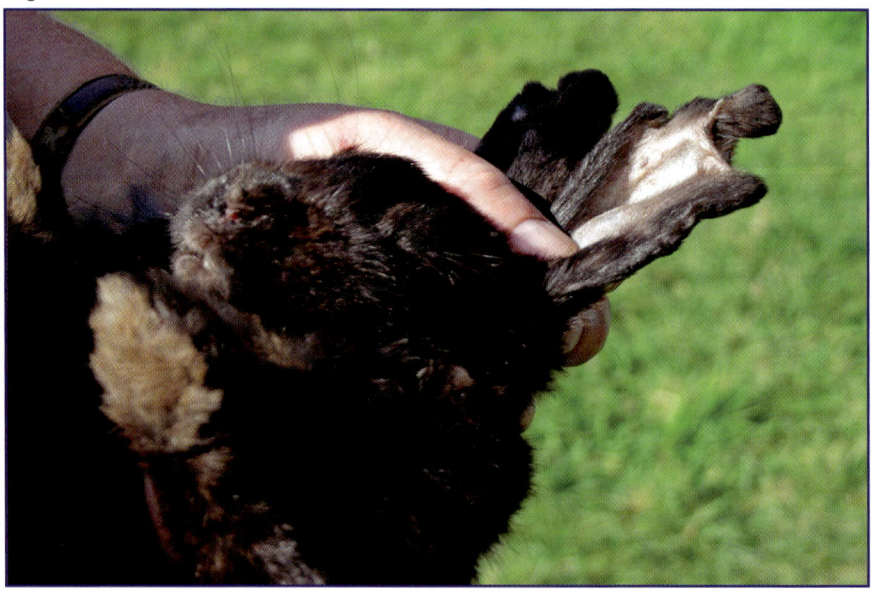

schel durch die Luft wirbeln. Oft wird dann befürchtet, die Tiere würden sich stark beißen, aber meist verlieren die Kaninchen vor Stress Fell, nicht selten fliegt es sogar in großen Mengen umher, ohne dass die Kaninchen sich auch nur gekabbelt hätten – gerade wenn zufällig die Zeit des Fellwechsels zeitgleich mit der Vergesellschaftung stattfindet, verlieren die Tiere schon beim Laufen ihr Fell.

Wenn die Kaninchen sich gegenseitig ernsthafte Wunden zufügen, bluten, vor Panik schreien oder sich über einen längeren Zeitraum durchgehend bekämpfen und jagen, sodass keines zur Ruhe kommt, müssen sie wieder getrennt werden. Greifen Sie nicht mit der bloßen Hand zwischen die kämpfenden Tiere, Sie könnten verletzt werden. Werfen Sie Heu auf die Kaninchen – das lenkt sie ab –, und trennen Sie die Kontrahenten mit einer dicken Pappe.

Auch nach so einer brenzligen Situation sollten Sie noch nicht aufgeben. Beide Tiere werden in unterschiedlichen Räumen untergebracht und müssen dort zur Ruhe kommen. Bleibt das Verhalten auch am folgenden Tag bei der Begegnung extrem aggressiv, müssen sie länger getrennt werden. Nach zwei Wochen können Sie dann eine neue Vergesellschaftung versuchen. Wenn die Kaninchen erneut mit heftiger Aggressivität reagieren und sich immer noch nur ineinander verbeißen, sollten keine weiteren Versuche unternommen werden – nicht alle Kaninchen „passen" zusammen. In einem solchen Fall ist es nötig, die Kaninchen mit anderen Partnern zusammenzuführen. Eine dauerhafte Einzelhaltung der Kaninchen oder eine Trennung für zwei Monate, um dann wieder eine Vergesellschaftung zu versuchen, sind nicht tiergerecht.

Ähnliches gilt für die Zusammenführung von Gruppen: Wenn es auch nach einer Pause von zwei Monaten „nicht passt", sollten keine weiteren Versuche in dieser Konstellation stattfinden. Die ideale Zeit, um Kaninchengruppen zusammenzuführen, sind Herbst und Winter. Während dieser Phase finden bei wild lebenden Kaninchengruppen kaum Rangkämpfe statt, und neue Rudelmitglieder werden eher aufgenommen. Verstehen sich die Kaninchen im abgegrenzten Bereich, können sie Auslauf in der ganzen Wohnung oder im Gehege bekommen. Erst wenn sich die Kaninchen für mehrere Stunden beim Freilauf vertragen, auch schon zusammen kuscheln, spielen bzw. sich putzen, ist es ratsam, sie auch gemeinsam in das gemeinsame Gehege oder die gemeinsame Schutzhütte zu setzen. So lange es beim Auslauf noch zu heftigeren Kämpfen kommt, sollten die Tiere noch nicht zusammen in ihr Gehege kommen.

Wichtig!
Erst wenn die Kaninchen sich im gemeinsamen Gehege über einen Zeitraum von mehreren Stunden entspannen, zusammen fressen und nah beieinander liegen, gilt die Vergesellschaftung als geglückt, und die Kaninchen müssen nicht weiter besonders beobachtet werden.

Zusammen im Gehege

Das Gehege ist das alleinige Revier des eingesessenen Kaninchens, und es wird im Normalfall beim Zusammensetzen wieder zu Streitereien und Verfolgungsjagden kommen. Daher sind auch hier einige Vorsichtsmaßnahmen zu ergreifen. Das gesamte Innengehege und die Einrichtung sollten vorab gründlich mit Essigwasser gereinigt werden. Die gewohnte Einrichtung wird umgestellt, und der Neuling bekommt einen eigenen Unterschlupf zur Verfügung. Auch hier lenken große Heuhaufen und verstreutes Grünfutter ein wenig ab. Zuerst wird das neue Kaninchen in das Gehege gelassen, um es kennen zu lernen. Wenn das alteingesessene Kaninchen dazu kommt, können wieder wilde Verfolgungsjagden auftreten, wie gerade erwähnt.

Probleme

Werden Rammler zu spät kastriert, kann es dazu kommen, dass sie sich in der „Pubertät" stark bekämpfen und getrennt werden müssen. Ist es erst einmal so weit gekommen, sind sie nicht selten auch nach der Kastration nur schwer wieder zu vergesellschaften. In diesem Fall sollten die Rammler ebenfalls räumlich voneinander getrennt werden. Beide Rammler (nicht nur der Aggressor) werden kastriert. Rund 8–10 Wochen nach der Kastration haben sich die verantwortlichen Hormone weitestgehend abgebaut, die Rammler werden ruhiger, und eine neue Vergesellschaftung kann versucht werden. Auf keinen Fall dürfen die Rammler vorab Sicht- oder Schnupperkontakt haben – auch hier ist eine Trennung in verschiedene Zimmer angeraten.

Falscher Vergesellschaftungsort

Nicht selten werden die Tiere einfach zusammen in einen Käfig gesetzt oder in dem Raum laufen gelassen, in dem das alteingesessene Kaninchen schon sein Revier hat. Das geht meist nicht gut, da jedes Kaninchen sein Revier verteidigt. Ein Zusammensetzen im Käfig endet häufig mit blutigen Kämpfen.

Häufige Fehler bei der Vergesellschaftung

Eine Vergesellschaftung ist mitunter sehr aufregend. Aus dieser Aufregung heraus reagieren viele Halter zu emotional und machen dadurch Fehler, die eine Vergesellschaftung verzögern oder sogar verhindern. Ich gehe hier auf die häufigsten Fehler kurz ein:

- **Falsche Verstecke/Sackgassen**
  Alle Kisten, Häuschen und andere Verstecke müssen unbedingt mindestens zwei Ausgänge besitzen, sonst werden sie zu regelrechten Fallen. Flüchtet ein Kaninchen in ein Versteck mit nur einem Ausgang und folgt das andere Kaninchen nach, kann das unterlegene Tier nicht mehr ausweichen, da das überlegene Tier den Ein-/Ausgang blockiert. So kommt es zu heftigen Kämpfen, da sich das Kaninchen in der Sackgasse einen Weg nach draußen erkämpfen muss. Ebenso ist die Anzahl der Unterschlüpfe sehr wichtig. Jedes Kaninchen muss mindestens einen Unterschlupf vorfinden, in dem es sich kurz entspannen und einer stressreichen Situation aus dem Weg gehen kann.

- **Mitleid-Unterbrechungen beim Vergesellschaften**

  Mitleid ist eins der größten Probleme überhaupt. Ein Halter, der seine Tiere liebt, erträgt es nur schwer, dass sie miteinander kämpfen und das unterlegene Tier gestresst und mit gesträubtem Fell in der Ecke sitzt. Also begehen viele Halter den Fehler, die Vergesellschaftung dann zu unterbrechen, damit das unterle-

Kuschelnde Kaninchen nach einer geglückten Vergesellschaftung Foto: P. Maar

gene Tier sich erholen kann. Das ist fatal, denn die Kaninchen können so ihre Rangordnung nicht abschließend klären, und nach jeder Trennung müssen sie neu vergesellschaftet werden. Der Stress beginnt somit immer wieder von vorne. Solche Unterbrechungen (mitunter werden die Tiere sogar über Nacht wieder getrennt, weil der Halter nicht dabei sein kann und Angst hat, dass „etwas passiert") können sogar schlimmstenfalls den Misserfolg der Vergesellschaftung herbeiführen, da diese Trennungen und erneuten Vergesellschaftungen die Aggressionen bei den Tieren hochkochen lässt.

Abschließend

Eine Vergesellschaftung kann u. U. einige Wochen dauern und für Mensch und Tier sehr anstrengend sein. Aber sie ist trotzdem nur zum Besten der Kaninchen, denn wenn die Kaninchen ihre Rangordnung erst einmal gefunden haben, sind sie entspannter, blühen regelrecht auf und können ein kaninchengerechtes Leben führen. Wenn sich die Kaninchen überhaupt nicht verstehen, sollte es auf alle Fälle mit anderen Partnern versucht werden. Dabei ist immer darauf zu achten, dass eine möglichst aussichtsreiche Kombination gewählt wird. Es sollten nach Möglichkeit also bei Zweiergruppen keine gleichgeschlechtlichen Vergesellschaftungen stattfinden. Es ist wichtig, sich schon vor dem Kauf zu informieren, ob es beim Missglücken einer Vergesellschaftung möglich ist, das Kaninchen umzutauschen. Das klingt zwar schlimm, aber besser, das Kaninchen kommt zurück und hat so die Chance, einen passenden Partner zu finden, als dass es ein Leben lang einsam in einem Gehege vor sich hin vegetiert.

> **Tipp:** Kaufen Sie Ihr Kaninchen nur dort, wo es sich seinen Partner fürs Leben selbst aussuchen kann und auch zurückgenommen wird, wenn die Vergesellschaftung nicht geklappt hat.

Verhalten

Kaninchen untereinander und gegenüber dem Menschen

Kaninchen haben ihre eigene Sprache. Diese ist für Menschen nicht immer leicht zu interpretieren. Im Folgenden versuche ich, die typischen Kommunikationselemente der Kaninchen zu erklären, so wie wir Menschen sie bisher verstehen.

Lautäußerungen

Kaninchen verwenden nur wenige Laute, um sich mitzuteilen. Sie besitzen keine komplexe Lautsprache wie z. B. Meerschweinchen. Folgende Laute sind dennoch hin und wieder zu vernehmen:

Putzen kann eine Übersprungshandlung sein. Foto: C. Scholz

Leises Fiepen

Jungtiere rufen ihre Mutter mit einem leisen, fiependen Laut. Erwachsene Kaninchen fiepen mitunter, wenn sie unsicher sind oder Angst haben. Dieses Fiepen weist also auf ein Problem des Kaninchens hin. Oft fiepen Kaninchen beispielsweise auch leise, wenn sie krank sind oder zu sehr vom Halter oder anderen Kaninchen (beispielsweise bei einer Vergesellschaftung) bedrängt werden.

Tiefes Brummen

Ein kehliger Laut, der tief aus der Brust zu kommen scheint. Kaninchen brummen sich an, wenn sie paarungsbereit sind. Auch der Mensch wird schon mal angebrummt, wenn Kaninchen allein gehalten werden und sie ihn als Partner ansehen. Manche Kaninchen brummen allerdings bei jeder sich bietenden Gelegenheit, und nicht immer ist ganz klar, weshalb. Einige wollen dann gestreichelt werden und möchten einfach Aufmerksamkeit ihres Halters, andere brummen vor dem Fauchen, um den Halter abzuwehren.

Fauchende, knurrende, zischende Geräusche

Manche Kaninchen fauchen und zischen, wenn sie unzufrieden oder wütend sind. Ihre ganze Körperhaltung zeigt dabei Abwehr. Ein lautes, fauchendes bis knurrendes Geräusch zeigt deutlich, dass ein Kaninchen „schlechte Laune" hat. Dann ist es ratsam, ihm nicht zu nahe zu kommen.

Achtung! Zähneknirschen kann auch auf Schmerzen hinweisen. Zeigt das Kaninchen weitere Krankheitszeichen (frisst es z. B. nicht oder liegt apathisch im Käfig), dann ist ein Tierarzt aufzusuchen.

Grunzen

Ein tiefes, nasales Grunzen zeigt dem Rammler an, dass sein Weibchen nicht paarungsbereit ist. Häsinnen lassen dieses Grunzen auch dem Halter gegenüber hören, wenn dieser das Kaninchen streicheln möchte, dieses aber nicht bereit dazu ist.

Zähneknirschen, Mit-den-Zähnen-Mahlen, ohne zu fressen

Das Kaninchen ist entspannt und zufrieden. „Zähneknuspeln" ist meist ein Zeichen von Ruhe, die Tiere liegen entspannt im Gehege und schleifen genüsslich ihre Zähne ab. Mitunter ist es auch ein Zeichen von Wohlbefinden bei der Fellpflege durch den Halter oder einen Artgenossen.

Lautes Schreien

Kaninchen schreien laut, wenn sie Todesängste ausstehen. Werden Kaninchen von einem Feind gefasst oder von einem Artgenossen massiv angegriffen, lassen sie diesen markerschütternden, lauten Schrei hören. Kaninchen in der Heimtierhaltung schreien, wenn sie vom Halter gequält werden, selten auch dann, wenn sie große Angst, z. B. vor einer Tierarztbehandlung, haben.

Körpersprache

In sitzender Haltung geduckt

Ein Kaninchen unterwirft sich, indem es sich hockend flach auf den Boden drückt, die Ohren anlegt und die Augen aufreißt. Bei Rangkämpfen zeigt es damit eine deutliche Unterordnung an. Duckt sich das Kaninchen, wenn der Halter sich mit ihm befasst, bedeutet das also Unwohlsein, Angst bis hin zur Panik.

Vorsicht! Natürlich sind erstarrte Kaninchen relativ gut einzufangen, aber trotzdem sollte ein Halter seine Kaninchen nicht oft auf diese Weise in die Enge treiben, es könnte das Vertrauensverhältnis des Kaninchens zum Halter dauerhaft schädigen.

Regungsloses Hocken

Erschrickt ein Kaninchen, dann erstarrt es. Es bewegt sich nicht, hat aber die Augen weit geöffnet, zeigt heftige Flankenatmung, und die Ohren sind steil aufgerichtet. Normalerweise würde das Kaninchen flüchten. Hat es aber eine Gefahr zu spät erkannt oder steckt in der Falle (bei Heimtieren oft in einer Zimmerecke, aus der es nicht entkommen kann), dann verharrt es und hofft, nicht gesehen zu werden. Dieses Verhalten liegt darin begründet, dass viele natürliche Feinde der Kaninchen ihre Beute in erster Linie durch Bewegung wahrnehmen. Erstarrt das Kaninchen, kann es daher sein, dass der Feind seine Beute nicht mehr sieht.

Aufrechtes, angespanntes Stehen auf allen vier Beinen

Das Kaninchen sichert seine Umgebung. Je nachdem, wie die Ohren ausgerichtet sind, kann dieses Verhalten Neugier (aufgestellte Ohren) oder auch Aufregung (liegende Ohren) signalisieren. Eine Ausnahme bilden Widderkaninchen, die ihre Ohren nicht aufstellen können. Das Schwänzchen, die so genannte Blume, wird dabei hochgestreckt – die Stellung erinnert ein wenig an die Jagdhaltung einer Katze.

Auf-den-Hinterpfoten-Aufrichten/Männchenmachen

Wild lebende Kaninchen richten sich vor allem auf, um so einen besseren Überblick über ihre Umgebung zu haben. Kaninchen in der Heimtierhaltung möchten in dieser Haltung höher gelegene Dinge besser sehen können und ihre Umgebung neugierig erforschen, auf sich aufmerksam machen oder auch anzeigen, dass der Halter ihnen eine Tür öffnen soll. Die Tiere machen auch Männchen, um zu betteln. Dabei recken sie sich ihrem Halter entgegen, schauen herzallerliebst, schnüffeln, schubsen und bedrängen ihren Halter.

Lang ausgestecktes Liegen

Das Kaninchen liegt entspannt und lang ausgestreckt, auch manchmal mit nach hinten gelegten Hinterläufen und mit dem Kinn auf den Vorderpfoten abgestützt. Kaninchen ruhen sich so aus. Die entspannt nach hinten gelegten Pfoten zeigen an, dass Ihr Kaninchen sich relativ sicher fühlt, senkt es dazu noch den Kopf und legt es sogar die Ohren an, dann ist es völlig entspannt. Manche Kaninchen legen sich sogar auf die Seite, zeigen teilweise ihren ungeschützten Bauch und rollen sich auf den Rücken und wälzen sich teilweise auch. Diese Kaninchen wissen genau: Hier kann mir nichts passieren, hier bin ich sicher.

Stampfen/Klopfen/ Trommeln mit den Hinterläufen

Für einen Leckerbissen recken sich die kleinen Schleckermäuler auch mal hoch auf.
Foto: A. Zenker

Um sich gegenseitig vor Gefahren zu warnen, stampfen wild lebende Kaninchen fest mit den Hinterläufen auf den Boden. Dieses Geräusch ist über einen weiten Bereich gut zu hören. Kaninchen fangen an zu klopfen, wenn sie Angst haben. Ebenso wird grade bei einzeln gehaltenen Kaninchen oft das Klopfen aus Einsamkeit in der Nacht beobachtet. Manche Weibchen klopfen auch, wenn sie brünstig sind. Es wird vermutet, dass sie dann besonders unter Stress stehen, das Klopfen kann also wohl auch eine Art Stressabbau sein.

Tipp: Geben Sie dem Betteln Ihrer Langohren nicht zu oft nach, da Ihre Kaninchen Sie sonst permanent bedrängen. Aber hin und wieder darf natürlich ein Männchenmachen gern mit einer Möhre oder einem anderen Leckerli belohnt werden.

In-die-Luft-Springen, Hakenschlagen, Kopfschütteln

Auf der Flucht vor Feinden (auch vor einem Menschen, der sie einfangen will), schlagen Kaninchen Haken, indem sie sich beim Sprung in der Luft drehen. So können sie die Richtung, in die sie gerade laufen, schnell ändern und den Jäger eventuell abhängen. Sie springen beim Laufen auch in die Luft, um schneller voran zu kommen. Um dieses Verhalten zu trainieren und um sich einfach auszutoben, schlagen sie beim Spiel ebenfalls übermütig Haken. Ebenso springen sie gerne auf die Couch, den Couchtisch und auch sonst überall dorthin, wohin sie nicht springen sollen. Beim wilden Spiel schütteln sie ausgelassen den Kopf und machen Bocksprünge. Springen und Hakenschlagen sind bei Heimkaninchen, die nicht gejagt werden, meist ein Zeichen von Übermut und Lebensfreude.

Achtung!
Klopft das Kaninchen häufig stark, ohne dass der Halter herausfinden kann, was das Tier beunruhigt, sollte ein Tierarzt aufgesucht werden – das Klopfen kann auch ein Zeichen verschiedener Krankheiten sein, z. B. der danach benannten Trommelsucht.

Neugierig und fröhlich springen Kaninchen ihrem Halter entgegen.
Foto: I. Domaschke

Wegrennen, panische Flucht

Kaninchen sind Fluchttiere. Werden sie von einem Feind gejagt, rennen sie weg, es sei denn, sie haben keine Chance zu flüchten, dann verharren sie still (s. o.). Kaninchen rennen aber nie weit, sondern suchen sich immer schnell einen Unterschlupf. Hat der Halter seine Kaninchen erschreckt sodass sie flüchten, dann sollten sie erst einmal nicht weiter gejagt werden. Es ist sinnvoller, die Kaninchen in einem Unterschlupf zur Ruhe kommen zu lassen und sie dann mit ruhiger Stimme und Futter aus dem Versteck zu locken. Nähert sich der Halter dem Unterschlupf zu schnell, versuchen die Kaninchen wieder wegzurennen.

Anstoßen mit Kopf oder Nase, Schnuppern

Kommt das Kaninchen angelaufen, hebt den Kopf, schnuppert und stößt den Halter oder sein Partnertier mit dem Kopf oder der Nase weich an, dann will es seinen Freund begrüßen und verlangt Aufmerksamkeit. Kaninchen untereinander begrüßen sich, indem sie sich im Gesicht beschnuppern. Will ein Kaninchen von einem anderen geputzt werden, stupst es den Artgenossen an und senkt den Kopf, oder es schiebt sich mit gesenktem Kopf unter das andere Kaninchen und wird dann geputzt. Legt es das Verhalten seinem Halter gegenüber an den Tag, sollte dieser also unverzüglich anfangen, das Kaninchen zu kraulen und mit ihm zu spielen.

Wussten Sie eigentlich ...?

Hebt das Kaninchen irgendwann heftig den Kopf und stößt die Hand weg, will es zeigen, dass es nun reicht und der Halter aufhören soll, es zu kraulen. Auch dem Artgenossen zeigt ein Kaninchen so, dass es nun nicht mehr geputzt werden möchte.

Gegenseitiges Ablecken, Lecken an der Menschenhand

Kaninchen putzen sich untereinander auch, um ihre Familienbande zu festigen. Manche Kaninchen nehmen „ihren Menschen" in die Familie auf, und dann ist es für die Tiere selbstverständlich, dass dieser Mensch ebenfalls geputzt wird. Das Ablecken der Hand ist kein Zeichen von Salzmangel, wie oft behauptete wird, es bedeutet auch nicht, dass der Halter besonders dreckig wäre und ein Bad nötig hätte. Das Ablecken der menschlichen Hand zeigt immer

Gegenseitige Fellpflege gehört zum Kaninchenalltag und hält die Gruppe zusammen.
Foto: S. Koller

Neugierig schaut das Kaninchen seinem Halter entgegen. Foto: K. Aretz

Vorsicht!
Eine schnelle Atmung und heftige Nasenbewegungen können auch auf eine Krankheit (Lungenerkrankungen) und gerade im Sommer ebenso auf einen drohenden Hitzeschlag hindeuten.

Zuneigung. Der Mensch sollte diese Zuneigung erwidern, indem er seinem Kaninchen als Gegenleistung die Ohren krault. Allerdings: Lecken allein lebende Kaninchen ihren Menschen ab, kann das auch nur daran liegen, dass sie einsam sind und sich einen Partner wünschen, mit dem sie zusammen Fellpflege betreiben können. In diesem Fall ist das Lecken eher ein Zeichen von Einsamkeit, da die Zuneigung zum Menschen nur einer Zwangslage entspringt.

Schnüffeln, die Nase bewegt sich aufgeregt hoch und runter

Eine schnelle Atmung und Nasenbewegungen zeigen an, dass ein Kaninchen sehr aufgeregt ist. Streckt es den Kopf hoch und schnüffelt aufgeregt und schnell, dann hat es etwas Beunruhigendes oder Aufregendes ausgemacht und will es genauer untersuchen.

Umherschubsen von Gegenständen

Besonders junge Kaninchen haben einen ausgeprägten Spieltrieb. Sie müssen alles untersuchen, was ihnen unter die Nase kommt, und schubsen dabei Dinge vor sich her. Beliebt sind Toilettenpapierrollen, die mit Heu gefüllt sind, Futterbälle und andere Spielzeuge, aber auch Dinge, die nicht für die Kaninchen bestimmt sind, lassen sich prima zum Spielen benutzen und werden umhergerollt. Manche Kaninchen sind auch grundsätzlich der Ansicht, dass alles, was ihnen im Weg steht, einfach umgeschubst werden könne und müsse. So dekorieren sie gern die Wohnung ihrer Halter und ihr Gehege um. Wenn es die Kaninchen auch schaffen, ihre Häuschen und Höhlen umher zu schieben und umzustoßen, dann sind diese allerdings zu klein bzw. zu leicht und sollten durch größere und schwerere Unterschlüpfe ersetzt werden.

Wühlen in Decken, Handtüchern, Kleidung

Kaninchen haben einen starken Wühltrieb. In Freiheit würden sie ständig neue Gänge und Höhlen in der Erde graben, das ist aber nur in der Außenhaltung mit einem entsprechenden Gehege möglich. In der Wohnungshaltung gibt es nur selten Erde zum Buddeln, und wenn doch, dann meist bei den vom Halter so geliebten Zimmerpflanzen, die eigentlich nicht ausgegraben werden sollen. Also suchen sich die Kaninchen in der Wohnung Ersatz, und der Halter tut gut daran, den Tieren einen solchen zur Verfügung zu stellen. Wolldecken, Bettdecken, Handtücher und Kleidungsstücke sind zum Buddeln wunderbar geeignet und werden gern zerwühlt. Häufig werden Handtücher vom Kaninchen unter dem Körper regelrecht durchgebuddelt, und es scheint ihm großen Spaß zu machen.

Wussten Sie eigentlich ...?

Auch stubenreine Kaninchen können bei einer Vergesellschaftung anfangen, Kot zu hinterlassen oder Urin zu verspritzen. Meist lässt das aber bald nach der geglückten Vergesellschaftung wieder nach.

Reiben des Kinns an Gegenständen

Unter dem Kinn besitzt das Kaninchen eine Duftdrüse. Um sein Revier zu markieren und somit den Artgenossen zu zeigen, dass dieses Revier besetzt ist, reibt es die Duftdrüse an den Reviergrenzen und an allen möglichen Gegenständen im Revier.

Urinverspritzen/Unsauberkeit

Kaninchen markieren ihre Reviergrenzen auch, indem sie Urin verspritzen. Besonders stark markieren unkastrierte Rammler, aber auch kastrierte Männchen und dominante Weibchen zeigen dieses Verhalten mitunter, vor allem, wenn ein neues Kaninchen im Revier auftaucht.

Verteilen von Kot

Wild lebende Kaninchen markieren ihre Reviergrenzen durch ihren Kot. Sie verteilen an ihren Reviergrenzen ihren Kot, und auch Tiere in der Heimtierhaltung machen das manchmal. Selbst bisher saubere Tiere fangen mitunter an, Kot in der Wohnung zu verteilen, wenn ein neues Kaninchen eingezogen ist.

Kotfressen

Kaninchen spalten ihre Nahrung im Blinddarm auf. Der Blinddarmkot enthält für das Kaninchen lebenswichtige Vitamine und Mineralstoffe. Die Tiere nehmen ihren Blinddarmkot, der kleiner und meist traubenförmig ist, daher direkt am After auf. Werden sie daran gehindert ihren Kot zu fressen, kommt es zu schweren Mangelerscheinungen.

Nicht mehr zahm?

Während junge Kaninchen oft sehr anhänglich und sogar kuschelig sind, kann es durchaus passieren, dass die gleichen „Kuscheltiere" als ausgewachsene Exemplare plötzlich anfangen, ihrem Halter aus dem Weg zu gehen oder ihn sogar anzugreifen. Häufig fangen Weibchen dann an, sogar die Hand mit dem Futternapf zu attackieren. Dieses Verhalten ist völlig normal, denn erwachsene Kaninchen fühlen sich mehr zu anderen Kaninchen hingezogen, der Mensch als Spielgefährte wird uninteressant. Außerdem fangen sie dann an, ihre Reviere zu verteidigen und kämpfen auch verstärkt untereinander. Damit muss jeder Halter rechnen und sich damit abfinden.

Die Sache mit der Stubenreinheit

Gründe für Unsauberkeit

Kaninchen markieren ihr Revier natürlicherweise mit Urin und auch durch Kötel an den Reviergrenzen. Junge Kaninchen sind eher stubenrein, da sie noch kein eigenes Revier markieren. Häufig wundern sich die Halter dann, dass ihre 6–8 Monate alten Kaninchen plötzlich unsauber werden. Kaninchen können auch während oder nach einer Vergesellschaftung unsauber werden. Allerdings müssen auch junge Kaninchen erst lernen, wo sie hinmachen dürfen und wo nicht, grade wenn sie, wie leider so oft, zu früh von der Mutter getrennt wurden. Meist entwickeln sie erst mit der Zeit eine eigene Form der Reinlichkeit.

Wichtig: Nicht alle Kaninchen werden stubenrein. Manche Tiere lernen es einfach nicht, und es ist nicht möglich, sie zu zwingen.

Wie entsteht plötzliche, meist vorübergehende Unsauberkeit?

Folgende Gründe führen häufiger zu einer vorübergehenden Unsauberkeit:

Markieren

Das Kaninchen ist geschlechtsreif geworden und will sein Revier markieren. Es versucht dadurch, potenzielle Partner anzulocken und gleichgeschlechtliche Kaninchen abzuwehren. Die Kastration des Kaninchens schafft hier mitunter Abhilfe.

Vergesellschaftung

Bei Vergesellschaftungen sollte man nicht vergessen, dass nun ein „Fremdling" in das Revier des alteingesessenen Kaninchens eingedrungen ist. Diesem möchte es zeigen, wo seine eigenen Reviergrenzen verlaufen. Es wird dann oft vor das Gehege des Fremden gekotet, und beide Kaninchen markieren beim Auslauf sehr viel. Sind die Kaninchen erst einmal vergesellschaftet, dann lässt dieses Verhalten in den meisten Fällen wieder nach.

Krankheit und Kastration

Eine Erkrankung der Nieren oder der Blase kann dazu führen, dass die Kaninchen ihren Urin nicht mehr halten können und in der ganzen Wohnung urinieren.

Eine große Sandwanne eignet sich gut als Kaninchentoilette.
Foto: A. Zenker

Kastrationen sind operative Eingriffe, die Kaninchen mitunter so stark schwächen, dass sie eine Zeit lang unsauber sind. Dieser Zustand sollte allerdings bald nach der Kastration wieder nachlassen, ansonsten ist ein Tierarzt aufzusuchen. Auch andere Erkrankungen können zu Unsauberkeit führen.

Wie entsteht eine dauerhafte Unsauberkeit?

Das Markieren des Reviers ist im Grunde ein völlig normales Verhalten für Kaninchen. Der Halter reagiert falsch auf das Problem, wenn er sein Tier ausschimpft oder sogar bestraft – er verschlimmert so die Situation. Das Kaninchen ist verängstigt und verunsichert. Es weiß nicht, was es tun soll. Oft finden Kaninchen keine (aus ihrer Sicht) geeigneten „Toiletten" vor, die Toiletten stehen an der falschen Stelle, oder das Tier kann während des Auslaufs nicht in seinen Käfig zurück, wo die meisten Kaninchen ihre Toilette von sich aus einrichten.

Was kann der Halter versuchen, damit seine Kaninchen stubenrein werden?

Viel Geduld ist das Wichtigste, was der Halter braucht, um ein Kaninchen stubenrein zu bekommen. Es ist wichtig, dem Kaninchen eine Chance zu geben und bei Misserfolgen darf nicht gleich aufgeben werden. Es braucht seine Zeit, damit die Kaninchen verstehen können, was ihr Mensch von ihnen möchte. Es hilft nicht, wenn das Kaninchen beim Entdecken eines Pfützchens auf dem Teppich bestraft wird, indem es z. B. wieder in den Käfig gesetzt wird. Das Tier kann nicht wissen, warum es in den Käfig verfrachtet wird. Lautes Schimpfen oder gar einen Klaps auf den Hintern sind ebenso fehl am Platz. Das Kaninchen wird dadurch nur verängstigt, es versteht aber nicht, was der Halter von ihm erwartet. Wenn allerdings das Kaninchen gerade erst Anstalten macht zu urinieren (es hebt leicht den Po), dann ist es möglich, ihm gegebenenfalls zu zeigen, dass hier nicht die richtige Stelle dafür ist. Es wird laut und bestimmt angesprochen oder hochgenommen und in die Toilette gesetzt. Das ist aber natürlich nur mit Tieren möglich, die schon sehr zahm sind und sich hochnehmen lassen, ohne dabei in Panik zu geraten. Viele Kaninchen begreifen so schon, was sie zu tun haben und wo sie hinmachen dürfen.

Vorsicht! Wenn ein Kaninchen ohne erkennbaren Anlass plötzlich unsauber geworden ist, sollte es dringend von einem erfahrenen Tierarzt untersucht werden. Nicht selten steckt auch eine Krankheit hinter der plötzlichen Unsauberkeit. Das sollte unbedingt abgeklärt werden, bevor versucht wird, das Kaninchen zu erziehen. Unkastrierte Rammler verspritzen ihren Urin überall in der Wohnung bis hoch an die Wände, und dieser Urin riecht sehr unangenehm. Der Geruch und das starke Markieren lassen nach der Kastration nach.

Die wichtigste Regel ist aber: Der Halter sollte darauf achten, dass die Kaninchen immer Zugang zu ihrem Gehege haben. Das ist für Fluchttiere beim Auslauf ohnehin notwendig, umso mehr, da sie meist im Käfig ihre Toilette einrichten. Sinnvoll ist es, auch an den Stellen, an denen die Kaninchen besonders gerne ihr Geschäft verrichten, eine Toilette aufzustellen. Hierfür eignen sich die gängigen Katzentoiletten aus dem Handel mit etwas Einstreu befüllt (keine Katzenstreu). Es ist nicht sinnvoll, die Toilette einfach dort hinzustellen, wo der Halter es für richtig befindet. Der Halter muss sich schon nach den Wünschen der Kaninchen richten, damit diese die Toilette auch annehmen. Manche Kaninchen – vor allem Weibchen – neigen dazu, die Streu aus der Kaninchentoilette herauszubuddeln. In diesem Fall ist es durchaus möglich, die Einstreu durch Zeitungspapier (Tageszeitung, die Druckerschwärze ist heutzutage nicht mehr giftig) zu ersetzen, mit etwas Glück nehmen die Kaninchen die Toilette trotzdem an. Manche Kaninchen bevorzugen ruhige und dunkle Ecken für ihr Geschäft. Dann kann es sinnvoll sein, eine überdachte Kaninchentoilette anzubieten (eine Katzentoilette mit Deckel). Viele Kaninchen benutzen diese aber nur, wenn keine Klappe an der Tür ist. Solche Toiletten können auch sinnvoll sein, wenn die Tiere kein Zeitungspapier als Toilettensubstrat akzeptieren, aber stark buddeln. Bei allen Kaninchentoiletten ist daran zu denken, dass sie ausreichend groß sein müssen. Die Kaninchen müssten sich ausgestreckt hinlegen können, nur dann sind die Toiletten wirklich geräumig genug. Natürlich sind die Toiletten wieder zu entfernen, wenn die Kaninchen stark am Plastik nagen. In diesem Fall sollten große Keramikschalen oder Bodenschalen aus Metall verwendet werden.

Kaninchengerechte Beschäftigung

Beschäftigung mit Spielzeug

Kaninchen in großen Außengehegen müssen im Normalfall nicht mit Spielzeug beschäftigt werden. Sie haben genug Unterhaltung, wenn sie buddeln, springen und umherlaufen können. Aber bei Kaninchen in der Wohnungshaltung sieht das häufig anders aus. Oft haben sie relativ kleine Gehege und bekommen nur wenige Stunden in der Wohnung Auslauf. Da die meisten Wohnungen kaum kaninchengerecht eingerichtet sind, sollten die Kaninchen beim Auslauf tiergerechtes Spielzeug vorfinden.

Große, unbedruckte Pappkartons, mit mehreren großen Eingängen versehen, eignen sich hervorragend als Kaninchenspielzeug. Die Tiere laufen hindurch, klettern hinein und springen darauf. Ein Heuhaufen im Karton erhöht den Spiel- und Spaßfaktor.

Aus alten Tüchern und Kartons werden kleine Höhlen gebaut, eventuell unter Zuhilfenahme von Ästen, Weidenkörben oder Etagen. Kaninchen buddeln gern. In der Wohnung besteht zwar oft nicht die

Weidenbälle bieten eine interessante Abwechslung. Foto: A. Zenker

Möglichkeit, den Kaninchen eine Buddelkiste mit Erde oder Sand anzubieten, in der Außenhaltung sollte diese aber natürlich nie fehlen. Jedoch auch Wohnungskaninchen müssen nicht auf das Buddeln verzichten: Eine große Kiste oder eine Zimmerecke, die mit Handtüchern, Bettbezügen und anderen Stoffresten gefüllt ist, wird gern durchwühlt. Alle verwendeten Stoffe sollten vorab gründlich ausgewaschen werden, nur Baumwolle, Leinen und andere natürliche Fasern dürfen verwendet werden. Alternativ können auch zerknülltes Papier oder Papier aus dem Schredder, Stroh, Heu oder Einstreu angeboten werden. Bei Stoffresten ist darauf zu achten, dass die Kaninchen sich nicht an heraushängenden Fäden die Läufe abschnüren können – solche Fäden müssen regelmäßig entfernt werden.

Tipp: Getrocknete Gemüsestücke lassen sich ebenfalls in einem Futterball (Snackball) anbieten – Futterbälle werden im Zoofachhandel verkauft. Beliebt sind auch aufgestellte Zweige, auf die Früchte und Obst gespießt sind. Zum Aufstellen eignen sich gut Ziegelsteine, in deren Löcher die Zweige hochkant gesteckt werden.

Beschäftigung durch Futter

Besonders beliebt sind Futterspieße: Gemüse und Obst werden auf Metallspieße aufgezogen, die es extra zu diesem Zweck im Zooladen gibt, und im Gehege aufgehängt. Alternativ kann das Frischfutter auch auf Paketschnur (aus Jute, kein Kunststoff!) gereiht und in das Gehege gehangen werden. Noch begehrter sind Trockenkräuter in jeder Form. Fleißige Halter sammeln

In einen Ziegelstein gesteckt, bilden die Zweige ein kleines Gebüsch und regen zum Nagen an. Foto: A. Zenker

Dieses neugierige Kaninchen fragt sich sicher, was sein Halter sich als Nächstes ausdenkt. Foto: A. Zenker

im Sommer Löwenzahn, Kamille und andere Kräuter ebenso wie Obstbaumzweige mit Blättern. Diese werden gebündelt, an einem trockenen Ort über Kopf aufgehangen und mindestens sechs Wochen durchgetrocknet. Die Bündel können dann möglichst hoch ins Gehege gehängt werden, damit die Tiere sich danach recken müssen. Kräuter und auch Frischfutter können ebenso in leere Toilettenpapier- oder andere Papprollen gesteckt werden. Beide Seiten werden noch mit Heu verschlossen, und dann brauchen die Kaninchen eine ganze Weile, um an die Kräuter oder sonstiges Futter zu kommen.

Achtung!
Kaninchen können sich an der Leine strangulieren, es kann auch zu verschiedenen Verletzungen wie z. B. Quetschungen oder Brüchen (Rippenbrüche, Beinchen können sich verheddern) kommen. Daher sollte auf die Leine verzichtet werden.

Interaktion zwischen Halter und Kaninchen, tiergerechtes Kaninhop

Viele Tierhalter möchten gern mehr mit ihren Kaninchen erleben als nur Füttern, Ausmisten oder den Tieren zuzuschauen. In Schweden wurde zum Zweck der intensiveren Interaktion mit dem Tier eine „Sportart" für Kaninchenbesitzer entwickelt, das Kaninhop. Beim Kaninhop versucht der Halter seinem Kaninchen beizubringen, Hindernisse in einer bestimmten Reihenfolge zu überspringen. Da Kaninchen gern springen, macht den Tieren dieser Sport großen Spaß.

Beim „echten" Kaninhop werden die Kaninchen allerdings an die Leine gelegt. Wozu eine Leine, wo doch so viele Kaninchen freiwillig mit ihrem Halter spielen? Fluchttiere gehören nicht an die Leine, sie fühlen sich daran nicht wohl. Sollten sie erschrecken und einfach lossprinten, dann kann die Leine zu einer echten Falle werden. Wesentlich sinnvoller ist es, das Kaninhop mit den Kaninchen entweder in der Wohnung oder bei Außenhaltung im gut gesicherten und umzäunten Gehege durchzuführen.

Beim schwedischen Kaninhop wird das Kaninchen mehrmals über das Hindernis gehoben, um zu lernen, dass es dort hinüberspringen soll. Allerdings lässt sich eigentlich kein Kaninchen freiwillig hochheben, als reine Bodenbewohner verlieren Kaninchen nicht gern den Boden unter den Pfoten. Diese Methode ist also nicht tiergerecht und eher etwas für sehr ungeduldige Halter, die schnell Erfolge sehen wollen.

Spiel und Spaß für Mensch und Tier

Jeder Halter hat mit Sicherheit großen Spaß mit seinem Kaninchen, wenn Kaninhop einfach nur aus Freude an der Interaktion mit dem Tier durchgeführt wird. Es ist grundsätzlich falsch und nicht sinnvoll, diese Sportart professionell zu betreiben, indem die Kaninchen zu Höchstleistungen getrieben werden, um diese dann auf Turnieren zu zeigen.

Kaninchen lernen freiwillig und viel fröhlicher, wenn sie ihren Bedürfnissen entsprechend behandelt werden. Für ein tiergerechtes Kaninhop braucht der Halter viel Geduld und Zeit. Geübt wird ausschließlich in den Hauptaktivitätszeiten der Kaninchen am Morgen oder am Abend. Zuerst werden nur kleine Hürden aufgebaut, die nachgeben, wenn das Kaninchen sie anstößt. Gut geeignet sind z. B. aufgestellte, aufgeklappte Bücher oder hochkant aufgestellte Kartons. Der Halter setzt sich dann mit einer kleinen Tüte leckerer Gemüsestückchen hinter die Hürden und beginnt, die Kaninchen über die Hürden zu locken. Erst wird Gemüse auf die Hürden gelegt, dann wird dem Tier gezeigt, dass es hinter der Hürde wieder was Leckeres gibt. Schlaue Kaninchen lernen schnell, über die Hürden zu springen. Noch schlauere Kaninchen lernen allerdings noch schneller, die Hürden zu umgehen oder umzuwerfen. Irgendwann wird sich aber der Erfolg einstellen, und der Halter kann im Freundeskreis oder auch per Film im Internet zeigen, was seine Kaninchen gelernt haben.

Wohnungshaltung

Tiergerechte Wohnungshaltung von Kaninchen? Im Grunde ein Widerspruch, denn in den meisten Wohnungen können Kaninchen viele natürliche Verhaltensweisen nicht ausleben, wie beispielsweise das Buddeln im Boden. Viele Halter möchten aber verständlicherweise ihre Kaninchen bei sich in der Wohnung haben, um so einen engen Kontakt zu den Tieren halten zu können. Es ist sicher möglich, auch in der Wohnung eine weitgehend tiergerechte Haltung zu betreiben, aber das ist mit großem Aufwand und viel Rücksichtnahme seitens der Halter verbunden.

Das Gehege – Arten und Größen

Ein kleiner Gitterkäfig für 1–2 Kaninchen, dekorativ in einer Zimmerecke, wo die Tiere in der Zeit weggesperrt werden, in der der Halter sich nicht mit den Kaninchen beschäftigen kann – leider ist das heute immer noch ein gängiges Bild bei der Zwergkaninchenhaltung in der Wohnung. Mit tiergerechter Haltung hat das

Mit Hilfe eines Gitterauslaufs kann eine Zimmerecke schnell zum Kaninchenparadies werden.
Foto: A. Zenker

nichts zu tun, und jeder sollte sich darüber im Klaren sein, dass solche Käfige sicher für den Halter praktisch, für aktive und gesunde Kaninchen hingegen eine absolute Qual sind. Handelsübliche Käfige bieten nicht genug Platz, damit Kaninchen ihr natürliches Verhaltensrepertoire ausleben können. Jedes Kaninchen benötigt seine eigene „Schlafhöhle", also muss ein Käfig genug Platz bieten, damit die Tiere sich gut aus dem Weg gehen können. Zudem sind Kaninchen sehr aktive Tiere, die viel laufen und hoppeln. Das Gehege muss auch so geräumig sein, dass die Kaninchen einen großen Sprung machen können, ohne gleich am Gitter zu landen. Ebenso müssen getrennte Futterplätze und Toiletten aufgestellt werden.

Wichtig: Kaninchen bewegen sich hoppelnd vorwärts, in vielen Käfigen können sie nicht einmal einen Hüpfer machen, bis sie wieder gegen Käfigwände stoßen, das kann nicht tiergerecht sein!

Handelsübliche Gitterkäfige können diese Anforderungen nicht erfüllen und sollten grundsätzlich nur als Übergangslösung bei der Quarantäne oder als Schlafkäfig für Kaninchen, die durchgehend Auslauf haben, zum Einsatz kommen. Ein solcher Käfig besteht im Idealfall aus einer Plastikwanne mit Käfigoberteil und ist mit einer Etage ausgestattet. Völlig ungeeignet sind Kunststoffhauben als Oberteil – darin herrscht eine schlechte Belüftung, im Käfiginneren stauen sich Hitze und Nässe. Auch die Unterbringung in einem Terrarium ist abzulehnen. Das absolute Minimum für zwei Zwergkaninchen sind zwei mitein-

Liebevoll eingerichtet, ist so ein Gehege ein Blickfang in jeder Wohnung. Foto: P. Maar

ander verbundene Käfige mit den Maßen 140 oder besser 160 x 70 x 50 cm (Länge x Breite x Höhe) als Schlafkäfig. Allerdings geht diese Empfehlung darauf zurück, dass dies die größten Fertigkäfige für die Wohnungshaltung sind, die es zu kaufen gibt. Erst Gehege mit einer Fläche von 2 m² pro Tier sind artgerecht. Etagenkäfige müssen mindestens 2 m² pro Etage aufweisen.

Erlebnisgehege

Ideal wäre es für alle Kaninchen, wenn sie einfach Tag und Nacht frei in der ganzen Wohnung oder zumindest in einem eigenen Zimmer umherhoppeln könnten. Leider ist das nicht immer realisierbar. Große Wohnungsgehege sind eine Alternative für dauerhaften Freilauf. Es ist relativ einfach, seinen Kaninchen ein Erlebnisgehege zu bauen. Im Handel werden „Freilaufgehege" angeboten. Diese bestehen aus verzinktem Gitter und haben in der größten Ausführung acht Elemente von ca. 80 x 75 cm. Mit diesem Gitter wird ein Teil des Raumes, in dem die Kaninchen untergebracht werden sollen, dauerhaft als Kaninchengehege abgetrennt. Normalerweise springen Zwergkaninchen nicht über 80 cm – nur selten also schaffen es besonders vorwitzige Tiere über solch eine Absperrung. Als Grundregel gilt: Pro Kaninchen sollten im Gehege mindestens 2 m² Bodenfläche plus Wohnkäfig zur Verfügung stehen. In so einem Erlebnisgehege lässt sich der normale Käfig, eingestreut und offen, als Kuschelecke/Wohnkäfig gut integrieren. Das Käfigoberteil wird mit einer Decke oder einer Hartfaserplatte abgedeckt, damit die Kaninchen nicht mit ihren empfindlichen Füßen darin stecken bleiben, wenn sie auf das Gitter springen. Der Boden des restlichen Geheges sollte aus einem weichen Teppich bestehen. Absolut ungeeignet sind Kunststoffteppiche. Darauf laufen sich die Tiere schnell ihre Fußsohlen „heiß", das Fell wird regelrecht von den Füßen abgeschmirgelt, es entstehen kahle Stellen an den Hinterläufen. Auch Mischgewebe oder Kokosfasern sind mit Vorsicht zu verwenden und sofort auszutauschen, wenn sich Probleme zeigen. Sind die Tiere unsauber, kann der Boden auch mit PVC ausgelegt werden, darüber kommen z. B. Flickenteppiche oder alte Bettlaken, die in der Waschmaschine gereinigt werden können. Auch eine Toilette darf bei sauberen Kaninchen nicht fehlen. Heuraufen, Unterschlüpfe und Spielsachen runden die Einrichtung ab.

Werden noch andere Tiere in der Wohnung gehalten, welche den Kaninchen gefährlich werden könnten (Hunde, Katzen, Reptilien), ist es nötig, das Gehege rundherum zu sichern. In diesem Fall kommt leider ein offenes Erlebnisgehege nicht in Frage, und handwerklich unbegabte Halter müssen dann auf Käfige aus dem Handel zurückgreifen. In so einem Fall muss pro Zwergkaninchen mindestens ein großer Käfig vorhanden sein. Mehrere solcher Käfige können oft einfach mit offenen (hochgeklappten) Seitenwänden oder offenen Türen aneinandergestellt

Bei akutem Platzmangel kann das Gehege auch über mehrere Etagen an einer Wand gebaut werden. Foto: A. Munderloh

Käfigunterschalen können als Kuschelecke in den Auslauf integriert werden. Foto: A. Zenker

werden. Bei Platzmangel ist es ebenso möglich, sie zu stapeln. Dafür wird die Tür im Deckel des unteren Käfigs entfernt. In die Bodenwanne des oberen Käfigs sägt man ein Loch, und eine Rampe wird so angebracht, dass sie von einer Etage des unteren zum oberen Käfig führt. Werden größere Kaninchenrassen gepflegt, sollte pro Paar noch mindestens ein Käfig mehr vorhanden sein. Natürlich ist dies nur eine Notlösung, bei der die Kaninchen sehr viel Auslauf in der Wohnung bekommen müssen.

Eigenbau

Für handwerklich begabte Halter sind Eigenbauten sicher eine schöne und oft auch preiswerte Alternative zu Fertigkäfigen. Bei einer Höhe von ca. 100 cm, bei sehr aktiven Kaninchen 120 cm, kann der Eigenbau oben offen bleiben. Auch hier gilt: 2 m² Grundfläche sollten pro Zwergkaninchen mindestens eingeplant werden, 3 m² bei großen Rassen. Es gibt unzählige Möglichkeiten, so ein Gehege zu konstruieren und der Wohnung anzupassen. Bei Platzmangel ist es möglich ein Etagengehege anzubieten. Allerdings sollte auch dieses eine Tiefe von mindestens 1 m und eine Breite von 2 m vorweisen. Ist genug Platz vorhanden, werden einfach 2–3 Wände aus beschichteten Spanplatten errichtet. Die Vorderfront und eine Seitenfront werden mit Gittern versehen, für eine gute Belüftung sollte mindestens eine Seite voll vergittert sein. Die Vorderseite kann auch verglast oder mit Plexiglas versehen werden, um eine optimale Sicht auf die Tiere zu ermöglichen. In diesem Fall müssen die Seiten vergittert werden, um für ausreichend Belüftung zu sorgen. Eine große Tür darf natürlich nicht fehlen, denn auch das größte Gehege ersetzt den Auslauf nicht. Um das Gehege sauber halten zu können, empfiehlt es sich, eine Seite des Geheges so einzurichten, dass sie sich vollständig öffnen lässt. Damit der Boden sauber bleibt, wird er mit PVC oder fester Teichfolie ausgekleidet. Um das Benagen des Bodenbelags zu verhindern, muss er am Boden fest verklebt werden, und die Ränder sollten mit Metallschienen (Holzschienen werden angenagt) gesichert werden. Die Ecken und Kanten werden zusätzlich mit Aquariensilikon versiegelt, damit kein Urin in das Holz sickern kann. Wird unbeschichtetes Holz zum Gehegebau verwendet, sollte es mit speziellem Lack für Kinderzimmereinrichtungen versiegelt werden – dieser ist ungiftig und trägt die Bezeichnung: sabbersicherer Lack.

> **Tipp:** Immer beliebter wird auch die käfigfreie Haltung in der Wohnung. Hierfür muss die Wohnung zuvor jedoch gefahrenfrei gestaltet werden, d. h. Elektrokabel, giftige Zimmerpflanzen etc. dürfen für die Tiere nicht erreichbar sein.

Standort

Für das Gehege der Kaninchen wird ein ruhiger, heller Raum gewählt; ein eigenes Zimmer für die Tiere wäre natürlich ideal. Das Gehege darf nicht direkt an einer Tür oder einem anderen Durchgang stehen, da das ständige Kommen und Gehen die Kaninchen nervös macht und Zugluft zu Augenproblemen und Erkältungen führen kann. Direkte, länger dauernde Sonneneinstrahlung (vor allem über Mittag) muss vermieden werden, da es im Gehege sonst zu heiß wird. Ebenso sollte der gewählte Standort mindestens 2 m von der Heizung entfernt liegen. Kaninchen benötigen Tageslicht, Morgensonne wäre ideal, eine zu dunkle Zimmerecke sollte also ebenfalls nicht gewählt werden. Mindestens eine Seite des Geheges sollte geschlossen sein oder an der Wand stehen, damit die Tiere sich dorthin zurückziehen können. Durchgehend durchsichtige Gehege sind nicht geeignet, da die Kaninchen dort keinen Schutz finden. Kaninchen sind recht schreckhafte Tiere mit einem sehr guten Gehör, daher ist natürlich darauf zu achten, dass ihre Umgebung ruhig ist. Auf Türenknallen, Schreien, laute Musik oder laute Filme reagieren Kaninchen mit Stresssymptomen oder sogar Panik, und das macht sie auf Dauer krank. Dass in dem Raum, in dem Kaninchen leben, nicht geraucht werden sollte, versteht sich von selbst. Kaninchen sind „Nichtraucher" und vertragen das Passivrauchen nicht.

> **Vorsicht!** Kaninchen sind sehr empfindlich gegen Hitze, Zugluft und Lärm. Daher sollte der Käfigstandort mit Bedacht gewählt sein.

Korkröhren sind nicht nur als Unterschlupf geeignet. Foto: G. Cappeller

Frische Luft ist wichtig, deshalb sollte der Raum, in dem die Kaninchen untergebracht sind, gut belüftet sein. Da Kaninchen als dämmerungsaktive Tiere gerade in den späten Abendstunden und am sehr frühen Morgen aktiv sind, ist ein Standort im Kinderzimmer oder Schlafzimmer eher nicht geeignet.

Zubehör

Heuraufen

Unentbehrlich ist ein Platz für das tägliche Heu. Nicht geeignet sind die meisten handelsüblichen Gitterheuraufen, die innen im Gehege angebracht werden. Oft stehen die Gitterstäbe zu weit auseinander: Mitunter schaffen es Zwergkaninchen, ihren Kopf zwischen zwei Stäbe zu quetschen und bekommen ihn dann nicht mehr heraus. Ebenso besteht bei fast allen nicht abgedeckten Gitterheuraufen die Gefahr, dass die Kaninchen hineinspringen und sich dann mit den Läufen im Gitter verfangen. Gitterheuraufen müssen von oben mit einem fest verankerten Brett gesichert sein. Es existieren durchaus viele sinnvolle Alternativen zu Gitterheuraufen. Für Gitterkäfige gibt es Heuraufen, die außen am Käfig angebracht werden, sodass den Kaninchen kein Platz im Käfig weggenommen wird und das Heu sauber bleibt. Eigenbau-Heuraufen sind immer ein dekorativer und sinnvoller Blickfang im Gehege, dazu im Folgenden ein paar Beispiele.

Tipp: Statt unbehandelter Zweige können Sie als Raufen auch dünne Holzstäbe aus dem Baumarkt verwenden. Sicher zerlegen die Kaninchen die Zweige der Raufe häufiger und fressen sie mit, aber Zweige sind leicht zu ersetzen und sollten ohnehin auf dem Speiseplan stehen.

Zweigraufen

In einen Ziegelstein mit Hohlräumen werden hochkant Zweige in die Löcher gesteckt, dazwischen wird das Heu verteilt. Es ist auch möglich, eine preiswerte Gasbetonplatte (Ytongplatte) mit Löchern zu versehen und dort ebenfalls hochkant Zweige einzustecken. Als Basis können aber auch sehr dicke Holzplatten dienen. Leider sind diese aber meist nicht schwer genug, und so werden Raufen mit Bodenplatten aus Holz oft umgeworfen.

Stoffraufen

Sehr beliebt sind auch Heuraufen aus Stoff, da sie bei Verschmutzung gewaschen werden können. Allerdings ist hier darauf zu achten, dass keine synthetischen Stoffe verwendet werden, nur Baumwolle und Leinen sind gut geeignet. Alle Nähte müssen doppelt angebracht werden, und hineingefressene Löcher sollten regelmäßig einfach gesäumt werden, damit sich keine Fäden ziehen, an denen sich die Kaninchen verletzen könnten.

Aus alten Kissenbezügen (für kleine Kissen, 40 x 40 cm) oder auch Leinentaschen können dekorative Heuraufen genäht werden. Es werden vorne 2–4 Löcher hinein geschnitten, groß genug, damit die Kaninchen Heu hindurchziehen können, aber zu klein für die Köpfe der Tiere (also ca. 5 cm im Durchmesser). Diese werden umnäht. Von oben wird Heu eingefüllt. Diese Leinentaschen können einfach mit den Henkeln am Gitter festgeknotet werden, Kissen lassen sich mit Wäscheklammern befestigen. Ist kein Gitter vorhanden, können die Kissen mit Klettband am Gehegerand angebracht werden. Das Klettband wird oben an die Heukissen genäht, das Gegenstück mit doppelseitigem Klebeband an der Gehegewand aufgebracht. So halten die Heukissen fest und können trotzdem leicht zum Reinigen abgenommen werden. Eine beliebte Variante ist die Heusocke, eine mit Heu gefüllte (Baumwoll-) Socke, die oben festgebunden wird. Unten ist die Socke mit einem Loch zum Herausziehen des Heus versehen. Eine weitere Spielart ist eine

Heuraufen sollten immer von oben abgedeckt sein.
Foto: S. Skusa

Tipp: Kaninchen fressen ihr Heu auch sehr gerne direkt vom Boden, ein frischer, d. h. täglich zu wechselnder Heuhaufen sollte also nie fehlen. Die Haltung beim Heufressen vom Boden ist die natürlichste Körperstellung bei der Nahrungsaufnahme.

Socke mit mehreren Löchern zum Herausziehen des Heus. Solche Socken können in das Gehege gelegt werden.

Wassernapf/Wasserflasche

Wasser sollte grundsätzlich in einem schweren und großen Napf, der nicht umgestoßen bzw. bewegt werden kann, angeboten werden. Die Haltung beim Trinken aus einer Wasserflasche ist unnatürlich und für viele Kaninchen unangenehm, einige Kaninchen trinken deshalb nur aus Näpfen. Diese lassen sich leicht reinigen und befüllen. Sie sind daher meist sauberer als Trinkflaschen, deren gründliche Reinigung kompliziert ist. Natürlich ist der Standort des Napfes entscheidend dafür, wie sauber er bleibt. Näpfe sollten nicht in einen eingestreuten Käfig gestellt werden, aber da jeder Käfig auch eine nicht eingestreute Etage als Ruheplatz haben sollte, bleibt der Napf hier lange sauber. Bei Kaninchen, die ein Erlebnisgehege besitzen, wird der Napf in eine Ecke des Geheges gestellt, und zwar so, dass er den Tieren bei ihren wilden Sprüngen nicht im Weg steht.

Eine saubere Trinkflasche sollte Kaninchen angeboten werden, die keinen Napf annehmen. Die Trinkflasche muss sicher am Käfig befestigt sein, aber doch leicht zum

Tipp: Zur Reinigung der Trinknäpfe und -flaschen sollte kein Spülmittel verwendet werden. Um Kalkablagerungen zu beseitigen, werden die Metallteile über Nacht in Essig gelegt und anschließend gründlich gespült.

Natürliche Sitzposition beim Trinken aus einem Wassernapf
Foto: A. Zenker

Auswechseln des Wassers herausgenommen werden können. Die meisten Kaninchen bevorzugen Flaschen mit Stempel, aus denen das Wasser herausläuft, wenn sie ihn hochdrücken. Allerdings sind diese Flaschen schwer zu reinigen, und oft siedeln sich in den Trinkröhrchen von Wasserflaschen Algen und Bakterien an. Auch wenn die Flasche sauber aussieht: Mindestens einmal die Woche muss sie komplett zerlegt und gründlich gereinigt werden. Dazu werden die Trinkröhrchen mit einem Pfeifenreiniger oder Q-Tipp gründlich gereinigt, der Rest der Flasche lässt sich leicht mit einer Bürste für Nuckelflaschen oder auch mit einer alten Zahnbürste säubern.

Futternapf

Feste, schwere Futternäpfe, die nicht umgestürzt werden können und genug Platz bieten, damit alle Kaninchen problemlos gleichzeitig daran sitzen können, sind für die Frischfuttergaben sinnvoll. Gut bewährt haben sich Steinguttröge oder große Hundenäpfe ab 1 l Füllmenge.

Toiletten

Viele Kaninchen benutzen gern eine bestimmte Ecke für ihre Ausscheidungen. Eine Toilette (oder auch mehrere) sollte deshalb vorhanden sein. Ecktoiletten, wie sie im Zoofachhandel angeboten werden, eignen sich für Zwergkaninchen. Für größere Kaninchen sollten eher Katzentoiletten angeschafft werden. Nagen die Kaninchen die Plastiktoiletten an, dann können Metallschalen gute Dienste leisten, entweder speziell hergestellte kleine Kotwannen, oder auch eckige Bräter aus Metall oder Auflaufformen aus der Haushaltswarenabteilung, die dort nicht selten für wenig Geld in ausreichenden Größen zu bekommen sind und nicht angenagt werden können.

Eine Kaninchentoilette darf in keinem Gehege fehlen.
Foto: K. Aretz

Einrichtung

Etagen

Etagen in verschiedenen Größen, entweder direkt ins Gitter geklemmt oder auch flexibel auf Beinen ins Gehege gestellt, bieten optimale und tiergerechte Unterschlüpfe und vergrößern die Käfigfläche. Ideal sind Holzetagen. Diese sollten lackiert werden (mit sabbersicherem Lack EN 71). Eine Etage in einer Höhe von ca. 20–25 cm und einer Grundfläche von mindestens 50 x 50 cm ist als Unterschlupf für Zwergkaninchen und kleine Kaninchen gut geeignet, bei größeren Kaninchen müssen Höhe und Fläche entsprechend angepasst werden. Natürlich dürfen die Etagen auch größer sein; werden sie allerdings wesentlich höher angebracht, verlieren sie ihre Funktion als Unterschlupf.

Die genauen Innenmaße des Käfigs dienen als Ausgangspunkt für die Berechnung der Etagengröße: Die Etage darf gern über ein Drittel der Fläche des Käfigs reichen, jedoch nicht über den Radius der Türen ragen. Und es muss noch möglich sein, die Kaninchen unter der Etage zu erreichen. Eine Sperr- oder Massivholzplatte sollte mindestens 0,8 cm dick sein und muss natürlich ggf. lackiert werden. So eine Etage kann im Gehege auf verschiedene Weise befestigt werden.

Etagen erweitern die Gehegefläche und sind als Ausguck sehr beliebt. Foto: P. Wester

Im Gitterkäfig

Um eine Etage im Kaufkäfig zu befestigen, werden an den Seiten der Platte jeweils zwei Haken eingeschraubt. Damit kann das Brett einfach ins Gitter gehangen werden, wenn es über die gesamte Breite des Käfigs reicht. Das ist allerdings etwas unhandlich, und die Etage rutscht leicht heraus, wenn die Kaninchen von unten gegen die Platte drücken. Statt normaler Haken können auch Schrauben verwendet werden, die oben Ösen haben. Dazu werden noch Metallunterlegscheiben benötigt, deren Durchmesser größer als der Gitterabstand des Käfigs ist. Auf beiden Seiten des Brettes werden jeweils zwei kleine Löcher (eine Stärke kleiner als die Schrauben) vorgebohrt, die Unterlegscheiben kommen von außen gegen das Gitter, und mit den Schrauben wird das Brett fixiert. Durch die Ösen können die Schrauben einfach mit der Hand entfernt werden, um die Etage zu reinigen. Auf diese Weise können auch kleine Eckbretter sicher befestigt werden.

Die einfachste Möglichkeit ohne Schrauben und Haken, eine Etage in einem Gitterkäfig zu installieren, ist jedoch die folgende: Auf die Tiefe des Käfigs werden noch ca. 4 cm zur Größe der Etage zugegeben. Die Etage ist also nun tiefer als der Käfig. An den Stellen, an denen beim Käfig die senkrechten Gitterstreben verlaufen, werden dann entsprechend jeweils auf beiden Seiten 2 cm tiefe Einkerbungen in das Brett gesägt. Dieses wird dann in das Gitter geklemmt. Dabei wird das Gitter meist etwas strapaziert und durchgebogen, aber dafür halten diese Etagen gewöhnlich bombenfest.

Im Eigenbau ohne Gitter

Sind keine Gitter vorhanden, werden unter die Etage einfach vier Beine in der passenden Größe geschraubt, sodass ein kleines Tischchen entsteht, das leicht beim Reinigen herausgenommen werden kann. Ebenso ist es möglich rundherum an den Wänden, an denen die Etage befestigt werden soll, ca. 2–3 cm starke Leisten anzubringen, auf welche die Etage dann gelegt wird. Regalbefestigungen, wie sie für Wandregale verwendet werden, können ebenfalls zum Anbringen der Etage verwendet werden.

Rampen/Treppen

Damit die Kaninchen problemlos auf die Etagen kommen, sollten Rampen angebracht werden. Zwar springen gesunde Kaninchen problemlos auf Etagen, aber ältere Semester oder kranke Exemplare tun sich mitunter damit nicht ganz so leicht. Die Rampen sollten in einem Winkel von ca. 20–30 ° angebracht werden und eine Breite von mindestens 20 (bei großen Rassen 30) cm aufweisen. Besonders gut geeignet dazu sind Korkplatten. Auch Sperrholzplatten, auf die mit ungiftigem Holzleim mit ca. 5 cm Abstand Holzleisten aufgeklebt werden, sind geeignet. Befestigt werden die Rampen entweder dauerhaft mit Schrauben oder aber variabel mit Haken und Ösen zum Einhängen (dabei ist allerdings darauf zu achten, dass kein größerer Spalt zwischen Rampe und Etage entsteht, in dem das Kaninchen hängen bleiben könnte). Treppen aus Steinen können angeboten werden. Aus einem Gasbetonstein kann leicht eine Treppe ausgesägt werden, auch Ziegel oder Natursteine können zu Treppen zusammengestellt werden.

Häuschen/Unterschlüpfe

Für jedes Kaninchen sollte ein eigenes, ausreichend großes Häuschen oder ein anderer Unterschlupf im Gehege vorhanden sein. Bei Zwergkaninchen müssen Häuser mindestens 30 x 40 cm, bei großen Rassen 40 x 50 cm und mehr messen. Idealerweise haben die Häuschen ein Flachdach, damit die Kaninchen sie als zusätzliche Etage und Aussichtspunkt verwenden können. Sie sollten aus unbehandeltem Holz bestehen, die untere Kante (ca. 10 cm hoch) und das Dach werden mit ungiftigem Lack versiegelt, damit kein Urin in das Holz eindringen kann. Jedes Häuschen sollte über zwei Eingänge verfügen, damit die Tiere sich gut aus dem Weg gehen können. In Häuschen mit nur einem Eingang kommt es schnell zu Streit.

Tipp: Auf Steinen nutzen sich die Krallen der Kaninchen zusätzlich ab und müssen dann nicht so häufig vom Halter gekürzt werden. Die Treppenstufen können gut 20 cm auseinander liegen, und jede Stufe sollte so breit sein, dass die Kaninchen bequem drauf sitzen können.

Schöner und praktischer als Häuschen sind Korkröhren und -höhlen, die in vielen Varianten und Größen im Zoofachhandel zu bekommen sind. Eine große Auswahl Korkröhren gibt es in den Terraristikabteilungen der Zoofachgeschäfte. Kork ist ideal für Kaninchengehege: Er ist widerstandsfähig und ungiftig, es schadet also auch nicht, wenn die Tiere dieses Material benagen. Korkröhren ziehen kaum Nässe und nehmen den Geruch des Urins nur langsam an. Wenn sie verschmutzt sind, können sie leicht mit heißem Wasser ge-

Kaninchen benötigen verschiedene Versteckmöglichkeiten. Foto: A. Zenker

reinigt werden. Röhren verschmutzen bei unsauberen Kaninchen schneller, daher empfehle ich in solchen Fällen nur Halbröhren – also Korkhöhlen. Für Zwergkaninchen sollten diese mindestens 20 cm Durchmesser und 15 cm Höhe besitzen, für größere Kaninchen werden die Korkhöhlen entsprechend geräumiger gewählt. Bei einer Länge von 30–60 cm sind sie ideale Unterschlüpfe. Als Unterschlupf ebenfalls sehr beliebt sind auch Holzbrücken. Diese bestehen oft aus Weidenzweigen und sind deshalb auch unter dem Namen „Weidenbrücken" bekannt, mitunter aber auch aus Haselnuss oder anderen Holzarten erhältlich. Bei diesen Brücken sind die Zweige biegsam mit Draht verbunden, sie können daher als Höhle/Brücke oder geradegebogen als Rampe eingesetzt werden, oft werden sie von den Kaninchen auch als Nagematerial verwendet.

Achtung!
Bei Weidenbrücken besteht die Gefahr, dass die Kaninchen hängen bleiben, wenn die Brücken nicht gut verarbeitet oder schon zernagt sind. Es sollten also nur wirklich sorgfältig gefertigte Brücken verwendet werden, welche regelmäßig auf Löcher überprüft werden.

Weitere Einrichtungsgegenstände/ Spielsachen

Zweige von verschiedenen Bäumen können zum Dekorieren des Geheges eingesetzt werden. Besonders geeignet sind solche von Apfel-, Haselnuss- und Birnenbäumen, Birken, Erlen, Weiden sowie Johannisbeer- und Heidelbeersträuchern. Auch Tannenzweige können als Deko- und Knabberhölzer angeboten werden. Belaubte Zweige lassen sich gut zu Höhlen zusammenstellen oder an die Käfigwand lehnen – so entstehen grüne Unterschlüpfe für die Tiere. Blätter und Nadeln können an den Zweigen bleiben. Wurzeln, wie sie für Aquarien angeboten werden, können zur Dekoration eingesetzt werden. Diese müssen allerdings gut ausgewaschen werden, und es ist darauf zu achten, dass die Wurzeln auch einen Nutzen für die Kaninchen haben (Höhle oder Treppe). Als reine Dekoration würden sie nur die Grundfläche des Geheges verkleinern. Sehr beliebt sind auch Körbe aller Art. Dabei ist darauf zu achten, dass sie nicht lackiert oder aber ungiftig lackiert sind und dass sie aus unbehandelten Weiden- oder anderen ungiftigen Zweigen bestehen. Wenn große Zwischenräume im Geflecht vorhanden sind, besteht die Gefahr, dass die Tiere mit den Krallen hängen bleiben. Beschädigte Körbe sollten aus demselben Grund ausgewechselt werden. Generell sind Körbe schlecht zu reinigen und müssen daher häufig ausgetauscht werden. Ton- und Pappröhren sind mitunter bei Kaninchen sehr beliebt. Allerdings sollten sie einen Mindestdurchmesser von 15 cm für Zwerg- und 20 cm

Wichtig: Es ist immer darauf zu achten, dass nicht das ganze Gehege zugestellt wird und die Kaninchen genug Platz zum Laufen und Springen haben.

oder mehr für größere Kaninchen aufweisen, sonst besteht die Gefahr, dass die Tiere stecken bleiben. Die Röhren sollten gut zu reinigen und nicht länger als 30 cm sein.

Die richtige Einstreu

Im Fachhandel werden viele Einstreuarten angeboten, die für Kaninchen geeignet sind, z. B. Hanfstreu, Strohpellets, Buchengranulat oder die normale Kleintierstreu aus Holzspänen. Ungeeignet ist parfümierte oder stark staubende Einstreu, wie Tischlerspäne. Im Schlafhaus sollte feuchte Einstreu wie Torf, Rindenmulch oder Erde keinen Einsatz finden. Das Schlaf- und Kuschelgehege sowie die Toilettenecken werden ca. 5 cm dick eingestreut, im Winter bei Außenhaltung zur Wärmedämmung auch noch höher. Über die Einstreu wird eine Lage Stroh verteilt. Das Stroh leitet die anfallende Flüssigkeit und auch den Kot nach unten, sodass die Oberfläche sauber und trocken bleibt. Es verhindert außerdem, dass Streu durch die Wohnung fliegt, wenn die Kaninchen übermütig losspringen, und bei langhaarigen Tieren, dass sich Streu im Fell verfängt. Stroh oder Heu allein reichen als Einstreu nicht aus, da sie keine Flüssigkeit aufsaugen. Pelleteinstreu oder harte Einstreu sollte immer mit einer dicken Lage Stroh oder Heu überdeckt werden, da die Pellets zu hart für die empfindlichen Kaninchenpfoten sind. Nicht selten sind Ballenabszesse die Folge zu harter Einstreu. Werden die Pellets gefressen, muss unbedingt auf deren Verwendung verzichtet werden, denn einige Pelletarten quellen im Magen auf und führen zu lebensgefährlichen Verstopfungen. Manche Kaninchen bevorzugen Sand in ihren Toiletten, hierfür eignen sich normaler Spielkastensand aus dem Baumarkt oder Vogelsand (ohne Zusätze wie Anis oder Muschelgrit).

Vorsicht!
Katzenstreu sollte keine Verwendung finden, denn sie wird eventuell gefressen und kann im Magen der Tiere verklumpen und in der Folge zum Tod führen. Mitunter ist Katzenstreu auch chemisch behandelt und kann bei Verzehr giftig sein.

Gehegereinigung

Kaninchen haben einen schnellen Stoffwechsel, sie gewöhnen sich aber oft an eine bestimmte Ecke zum Harn- und Kotabsatz (s. „Verhalten/Stubenreinheit"). Diese Ecke sollte täglich gereinigt werden. Aber auch der Rest des Geheges wird schnell feucht und dreckig. Wenn es nicht regelmäßig gereinigt wird, kann es zu Krankheiten, Parasitenbefall oder Atemwegserkrankungen durch Ammoniakentwicklung kommen. Mindestens einmal in der Woche muss das Gehege gründlich gesäubert werden. Die gesamte Einstreu wird entfernt und das Gehege wird mit heißem Wasser ausgewaschen. Um stärkere Verschmutzungen zu entfernen, wird

Im Sommer können Wohnungskaninchen ihren Freilauf auch im Garten bekommen.
Foto: S. Wilde

unparfümierte Seife oder Essigwasser verwendet. Urinstein wird mit Essigessenz eingeweicht und mit einer harten Bürste abgeschrubbt. Nach der Reinigung werden die Bodenschalen und Toiletten gründlich mit heißem Wasser gespült. Der Boden des Auslaufs wird täglich von Kot befreit, Urinflecken können mit Essigwasser schnell ausgewaschen werden. Werden angebotene Decken und Teppiche durch Kot und Urin verschmutzt, müssen diese ebenfalls regelmäßig gewaschen werden. Antibakterielle Reinigungsmittel werden nur verwendet, wenn ein Kaninchen aus der Gruppe erkrankt ist.

Der Staub der frisch eingebrachten Einstreu oder auch des Strohs kann die Atemwege der Kaninchen reizen, deshalb werden die Tiere erst wieder in das Gehege gesetzt, wenn sich der Staub gelegt hat. Trinkflasche, Wassernapf und Futternapf müssen täglich gereinigt werden.

Auslauf

Kein Kaninchen möchte immer nur im Gehege oder Käfig sitzen, egal wie groß diese auch sein mögen. Mindestens einige Stunden Auslauf in der Wohnung oder in einem speziellen Kaninchenzimmer sollten täglich eingeplant werden. Beim Auslauf ist darauf zu achten, dass die Kaninchen leicht in ihren Käfig zurück

Wussten Sie eigentlich ...?
Da Kaninchen dämmerungs- und nachtaktive Tiere sind, nutzt ihnen Auslauf nur am Tage wenig – den Tag verschlafen die meisten Kaninchen. Der Auslauf muss daher in den späten Abendstunden, gern auch über Nacht und in den frühen Morgenstunden gewährt werden!

können, um sich zu verstecken. Viele sind von sich aus stubenrein und suchen selbst wieder den Käfig auf, wenn sie „einmal müssen". Koten und Urinieren die Kaninchen in die Wohnung, dann ist es sinnvoll, an den bevorzugten Stellen Toiletten aufzustellen.

Gefahren beim Auslauf in der Wohnung

Giftige Zimmerpflanzen: Kaninchen zerwühlen nicht nur gerne die Erde in den Blumentöpfen, sondern sie naschen leider auch gerne an Pflanzen, die ihnen nicht so gut bekommen. Alle potenziell giftigen Zimmerpflanzen sind daher zu entfernen oder zumindest so hoch zu stellen, dass die Kaninchen sie nicht erreichen können.

Kabel/Strom: Die weichen Ummantelungen von Stromkabeln werden gerne angenagt. Um der Gefahr eines Stromschlags vorzubeugen, können Kabel in Kabelkanäle eingezogen werden, oder man verlegt sie unter einem Teppich. In Steckdosen sollten vorsichtshalber Kindersicherungen einbracht werden.

Käfiggitter: Kaninchen springen gern auf ihre Käfige. Es kann passieren, dass sie darin hängen bleiben und in Panik versuchen, herunter zu springen; dabei kann sich das Kaninchen die Beine brechen oder Gelenke ausrenken. Käfiggitter müssen während des Auslaufs daher abgedeckt werden.

Türen: Bei dem Versuch, eine Tür schnell zu schließen, damit die Kaninchen nicht mit hinausgelangen, wurden schon mehrfach Tiere eingeklemmt. Auch beim Öffnen der Tür können Kaninchen, welche sich gerade vor der Tür aufhalten eingeklemmt werden. Türen daher immer langsam schließen und öffnen!

Glatte Böden: Parkett, PVC und Laminat sind nicht ganz ungefährlich, die Kaninchen rutschen darauf häufiger aus. Zumindest ein Teil des Auslaufs sollte deshalb mit Teppich oder Decken belegt sein.

Fenster/Schranktüren: Offene Fenster verleiten Kaninchen dazu, hinaus zu springen. Gekippte Fenster können eine böse Falle für neugierige Kaninchen sein – sie können sich darin einklemmen. In Schränke mit offenen Türen klettern Kaninchen gern hinein, sie können dabei versehentlich eingesperrt werden.

Balkonbrüstungen überspringen Kaninchen manchmal. Deshalb sollte dort grundsätzlich ein Gitter angebracht werden. Lücken im Balkongitter sind ebenfalls eine Gefahrenquelle, dort können sich Kaninchen durchquetschen.

Wohnungseinrichtung schützen

Kaninchen lieben es, Tapeten von der Wand zu reißen. Eine durchsichtige Folie, ca. 80 cm hoch und faltenfrei an die Wand geklebt, sorgt dafür, dass die Kaninchen keinen Ansatz zum Nagen mehr finden, und kann die Tapete auch vor Urin schützen. Eine waagerecht angeklebte Tapetenbahn, deren Kanten mit Holzleisten befestigt sind, bietet ebenfalls kaum Ansatzpunkte zum Nagen. Bei sehr energisch nagenden Kaninchen hat es sich bewährt, den unteren Teil der Wand mit Plexiglasscheiben zu versiegeln. Um Einrichtungsgegenstände und Wände während des Auslaufs zu sichern, können einfache Hartfaserplatten verwendet werden. Diese sollten ca. 30–40 hoch und 50–60 cm lang sein, mehrere davon werden mit Gewebe-Klebeband locker verbunden, sodass sie sich zusammenklappen lassen. Diese Sicherungen können dann vor Tische, Wände oder um den Computer herum gestellt werden und sind nach dem Auslauf leicht zu verstauen. Gardinen sollten kurz gewählt werden, lange Übergardinen können hochgeknotet werden. Werden Tisch- und Stuhlbeine angenagt, können diese einfach „dekorativ" in Kaninchendraht gewickelt werden.

Gefährdete Einrichtung

Tapeten, Teppiche, Gardinen, Möbel, Bücher und was dem Halter sonst noch lieb und teuer ist werden von Kaninchen oft beschädigt. Darum sollten Kaninchen nicht unbeaufsichtigt in der Wohnung frei laufen, es sei denn, der Halter ist sehr tolerant und hängt nicht so sehr an seinem Wohnungsinventar und alles, was Kaninchen gefährlich werden könnte, ist aus der Wohnung verbannt.

Ein eigenes Zimmer nur für die Kaninchen Foto: S. Wilde

Aussenhaltung

Eine sehr naturnahe und tiergerechte Haltungsform für Kaninchen ist die Unterbringung in großen Außengehegen. Nur dort können Kaninchen ihr gesamtes Verhaltensrepertoire voll ausleben. In der Außenhaltung werden alle Sinne der Tiere angeregt, allein schon wechselndes Wetter, frische Luft und saftiges Grün lassen Kaninchen aufleben. Wirklich große und tiergerechte Kaninchengehege können von den meisten Haltern nur im Garten realisiert werden. Nur hier bekommen die Kaninchen genug Anregung und naturnahe Beschäftigungsmöglichkeiten.

Für den Kaninchenfreund bedeutet ganzjährige Außenhaltung viel Arbeit und Aufwand. Bei jedem Wetter müssen die Kaninchen mindestens zweimal täglich mit Futter und Wasser versorgt werden, die Gehege sind wöchentlich zu reinigen, und auch bei Schnee und Eis müssen alle Kaninchen täglich beobachtet und mindestens einmal in der Woche gründlich untersucht werden. Gerade wenn das Wetter schlecht wird und es wenig Spaß macht, sich im Freien bei den Tieren aufzuhalten, sind häufigere Kontrollen nötig. Im Sommer wird der Halter allerdings reichlich für seine Mühen belohnt. Es ist einfach unvergleichlich schön, wenn Ka-

Wussten Sie eigentlich ...?
Kaninchen können gut ganzjährig oder auch halbjährig in Außenhaltung gepflegt werden. Für halb- und ganzjährige Außenhaltung gelten die gleichen Regeln.

Kaninchen fühlen sich im Grünen besonders wohl. Foto: S. Tschöpe

ninchen über sonnenbeschienene Wiesen hoppeln und die Nachmittage bei Kaffee und Kuchen direkt neben den aktiven Kaninchen im großen Außengehege verbracht werden können. Manche Halter stellen sogar gleich ihren Kaffeetisch direkt ins Gehege und pflegen so engen Kontakt zu den Kaninchen. Für weniger kälteempfindliche Halter hat aber auch der Winter seinen Reiz, wenn die Kaninchen übermütig durch den Schnee tollen und schon am Morgen nach dem ersten Schneefall überall die Abdrücke der Kaninchenpfoten zu finden sind. Dann weiß jeder Halter genau, warum er sich die Arbeit macht.

Allgemeines

Kaninchen sollten während des Sommers an die Außenhaltung gewöhnt werden. Ab Mitte Mai, frühestens, wenn es nachts keinen Bodenfrost mehr gibt, können Kaninchen aus Wohnungshaltung in das Außengehege umgesiedelt werden. Werden Kaninchen zu spät im Herbst an die Außenhaltung gewöhnt, bilden sie kein ausreichendes Winterfell und sind dann nicht genügend gegen die Kälte geschützt.

> **Tipp:** Ideal ist es, die Kaninchen umzusiedeln, wenn die Temperaturen in der Wohnung am Tag nahezu gleich wie die im Außengehege sind.

Selbstverständlich sollte niemals ein Kaninchen allein im Gehege wohnen, mindestens ein Kaninchenpartner muss vorhanden sein. Richtig aktiv und munter werden Kaninchen häufig erst in richtig großen Gehegen mit drei oder mehr Partnern. Allerdings ist es nicht ganz leicht, so eine Gruppe zu vergesellschaften und dauerhaft zu betreuen. Jeder Halter, der sich auf das Abenteuer Gruppenhaltung einlässt, sollte sich darüber im Klaren sein, dass es dort zu vielen Problemen kommen kann.

Die Gruppen können auch noch nach einer längeren Zeit auseinanderfallen, sodass ein neues Gehege eingerichtet werden muss, um die Kaninchen zu trennen.

> **Wichtig:** Ein täglicher kurzer Gesundheits-Check ist bei auch bei der Außenhaltung Pflicht.

Vor dem Umzug von der Wohnung in das Außengehege sollten alle Kaninchen langsam an das frische Grün, das Gras und die Kräuter auf der Wiese gewöhnt werden. Werden Kaninchen ohne Gewöhnung einfach auf eine Wiese gesetzt, nehmen sie oftmals zu viel Grünfutter auf und es kommt zu einer Magenüberladung und Blähungen. Es ist also sehr wichtig, die Kaninchen durch langsam gesteigerte Grünfutter- und Grasgaben an diese Kost heranzuführen. Dies ist besonders bei halbjähriger Außenhaltung zu beachten!

Kaninchen, die im Winter in Außenstall- bzw. Kaltstallhaltung leben, sollten nicht zum Spielen oder für den Auslauf in die beheizte Wohnung getragen werden. Durch die starken Temperaturschwankungen können die Tiere sich sonst erkälten, gerade der Wechsel von der warmen Wohnung in den kalten Stall ist gefährlich.

Muss ein Kaninchen aufgrund von Krankheit in das Haus ziehen, sollte es erst im Frühjahr wieder in das Außengehege gesetzt werden. Hat es sein Winterfell noch nicht verloren und war der Aufenthalt in der beheizten Wohnung nur kurz, ist es auch möglich, das Kaninchen als Übergang einen Tag in einem kühleren Raum unterzubringen und es dann wieder in die Außenhaltung zu setzen. Ebenso sollten Kaninchen, die mitten im Winter in die warme Wohnung genommen werden müssen, erst langsam an die höheren Temperaturen gewöhnt werden, die Zimmertemperatur sollte daher nur langsam gesteigert werden.

Kein verantwortungsvoller Züchter wird seine Kaninchen im Winter decken/werfen lassen. Sollte es aber doch einmal zu einer Trächtigkeit mitten im Winter kommen, ist es lebenswichtig, das Weibchen entsprechend zu versorgen. Eine vor Feuchtigkeit geschützte und warme Wurfhütte, viel Nistmaterial, hochwertiges Kraftfutter und bei Würfen unter sechs Jungen eine Wärmequelle direkt unter dem Nest sind notwendig. Ist es der erste Wurf, kann es nötig sein, das Weibchen von seinem Partner zu trennen. Ein Umzug ins warme Haus ist hingegen eher nicht sinnvoll – die Wärme dort würde das trächtige Kaninchen mit Winterfell zusätzlich belasten.

Gesunde Kaninchen dürfen auch im Schnee Auslauf bekommen. Foto: C. Scholz

Nicht alle Kaninchen eignen sich für die ganzjährige Außenhaltung!

Manche „moderne" Kaninchenrassen wie Löwenkopfkaninchen oder auch bestimmte Rassen wie Angora- und Rexkaninchen haben Probleme in der Freilandhaltung. Ihr Fell ist nicht mehr durchgehend wasserabweisend, weshalb die Tiere bei Regen mitunter bis auf die Haut nass werden und auskühlen. Bei einigen langhaarigen Kaninchen kommt es zur Scheitelbildung, hier können Hitze sowie Kälte bis auf die Haut vordringen, es kam sogar schon zu Sonnenbrand bei einigen hellen Löwenköpfchen. Gerade weiße Kaninchen mit wenig Fell auf ihren Ohren bekommen dort im Sommer mitunter einen Sonnenbrand. Rotäugige Tiere haben häufig Probleme mit hellem Sonnenlicht und benötigen immer Schatten. Werden solche Kaninchen in großen Außengehegen gehalten, müssen diese komplett überdacht werden!

Vorsicht!
Ältere Tiere, die lange Zeit in Wohnungshaltung gelebt haben, sind mitunter nicht mehr fit genug, um in die Außenhaltung überzuwechseln. Nur ganz gesunde Kaninchen mit einem dichten Oberfell dürfen in Freilandhaltung überwintert werden.

Die Schutzhütte

Wichtiger Bestandteil des Außengeheges ist die Schutzhütte. Diese wetterfeste Hütte dient den Kaninchen als Schlafplatz und auch als Futterhöhle. Die Schutzhütte darf nicht direkt in der Sonne stehen, und die Kaninchen dürfen darin keinem Durchzug ausgesetzt werden. Es darf nicht in die Hütte hineinregnen. Die Hütte sollte bei 2–3 Zwergkaninchen etwa 0,6 m² Bodenfläche aufweisen, bei kleinen bis mittelgroßen Kaninchen 0,8–1 m², bei großen Rassen 1,2–1,5 m². Die Höhe sollte 30 cm nicht unterschreiten, sinnvoll sind 40 cm, bei größeren Rassen 50 cm, dann können in der Hütte auch Etagen angebracht werden. Die Schutzhütte darf nicht zu groß sein, sonst können die Kaninchen sie nicht mit ihrer Körperwärme aufheizen. Wohnen mehr Kaninchen in dem Gehege, sind entsprechend mehrere Schutzhütten sinnvoll. Die Schutzhütte wird idealerweise aus 2–3 cm starkem, wasserfestem Holz gebaut. Die Außenseite der Hütte wird geölt, um sie vor der Witterung zu schützen,

Ein Pyramidengehege bietet nachts Schutz. Foto: S. Wilde

auch ist ein Anstrich mit ungiftigem Lack auf Wasserbasis denkbar. Der Boden wird ebenfalls mit ungiftigem Lack versehen oder fest mit PVC oder Teichfolie ausgelegt. Damit der Bodenbelag nicht angenagt wird, muss er am Boden fest verklebt werden, und die Ränder sollten mit zusätzlichen Metallschienen gesichert werden. Es ist ebenso möglich, passende Plastikwannen als Einstreuwannen zu wählen, von Zink- oder anderen Metallwannen rate ich ab, diese werden im Winter zu kalt.

Tipp: Ein Kaninchenaußenstall, wie er im Fachhandel zu erwerben ist, reicht als Schutzhütte aus, wenn die vergitterte Seite vor Wind und Regen geschützt wird. Mindestens ein Drittel der Vorderseite sollte aber auch hier nicht vergittert, sondern fest verschlossen sein. Die Hütte sollte aus Massivholz von mindestens 2 cm Stärke bestehen, das von außen geölt wird. In großen Pyramidenbauten ist es auch möglich, einen Teil des Geheges komplett als Schutzhütte einzurichten.

Die Hütte sollte mindestens zwei Kammern umfassen und einen separaten Eingang besitzen, der durch eine Trennwand vom Wohnbereich abgeschirmt ist. Es hat sich bewährt, innerhalb der Hütte einen abgetrennten Futterplatz einzurichten oder aber eine ganz separate Futterhütte anzubieten. Der Deckel des Stalles wird an Scharnieren befestigt, sodass er sich zum Säubern und zur Fütterung gut aufklappen lässt. Bei Hütten, die im Gehege stehen, ist ein Flachdach sinnvoll, so haben die Kaninchen eine zusätzliche Etage. Steht die Schutzhütte außerhalb des Geheges, sodass nur der Eingang im Gehege liegt, ist ein Schrägdach geeignet, damit Regenwasser ablaufen kann. Auf eine ausreichende Luftzirkulation ist dringend zu achten, damit kein Kondenswasser zu Lungenproblemen führt. An einer Seite der Schutzhütte sollten deshalb am oberen Rand mehrere Luftlöcher angebracht werden. Um vor Bodenkälte zu schützen und die Hütte von unten zusätzlich zu isolieren, sollte die Schutzhütte ca. 5 cm über dem Boden stehen. Sinnvoll ist eine Rahmenkonstruktion unter der Schutzhütte, so entsteht hier eine isolierende Luftschicht. Es ist natürlich auch möglich, die Hütte auf höhere Beine zu stellen und durch eine Rampe begehbar zu machen – so lässt sich unter der Hütte eine weitere Auslauffläche schaffen.

Inneneinrichtung eines großen Schutzhauses für ein Rudel Foto: G. Cappeller

Einrichtung der Schutzhütte

Eine mindestens 10 cm hohe Einstreuschicht und zusätzlich eine dicke Lage Stroh sind in der Schutzhütte dringend erforderlich. So wird die Schutzhütte von unten zusätzlich gedämmt. Hier ist auf Sauberkeit und Trockenheit zu achten. Eine Ecktoilette ist sinnvoll und muss täglich gereinigt werden. Auch im übrigen Teil des Stalls müssen täglich Kot und Urin entfernt werden. Eine kleine Etage über einem Drittel der Schutzhütte kann gut genutzt werden, um einen Wassernapf sauber aufzustellen, wobei darauf geachtet werden muss, dass die Tiere ihn nicht bewegen oder gar herabwerfen können. Eine gut gefüllte Heuraufe darf natürlich nicht fehlen; sinnvoll sind Gitterheuraufen mit Deckel oder Eigenbauten aus Holz (die natürlich häufiger ausgebessert werden müssen). Bewährt haben sich feste Heuraufen. Dazu wird ein kleiner Teil der Hütte (10 x 20 cm) mit hochkant angebrachten Holz- oder Metallstäben im Abstand von ca. 3 cm abgetrennt. Diese Stäbe reichen bis zum Dach. So kann die Raufe leicht nachgefüllt werden, und die Tiere gelangen nicht hinein.

Auslauf

Natürlich benötigen Kaninchen in Außenhaltung zusätzlich zur Schutzhütte einen eingezäunten Auslauf. Pro Zwergkaninchen sind bei kleinen Gruppen mindestens 2 m² Auslauffläche einzurechnen. Bei größeren Kaninchenrassen sind immer etwa 3 m² pro Kaninchen nötig.

Für die Umzäunung wird punktgeschweißter Kaninchendraht (viereckiger Draht, kein sechseckiger Hühnerdraht!) verwendet, der Gitterabstand sollte dabei nicht größer als 2 cm sein. Nur so werden Schädlinge und Feinde wie z. B. Marder vom Gehege ferngehalten. Das Gitter wird mindestens 50 cm tief in den Boden eingelassen, sonst buddeln sich die Kaninchen aus dem Gehege – oder Marder, Ratten und andere unerwünschte Tiere dringen ein. Es ist sinnvoll, das eingegrabene Gitter am Rand ca. 20 cm nach innen ragen zu lassen und ihn leicht schräg nach innen zu biegen. Um ganz sicher zu gehen, ist es auch möglich, in der gesamten Bodenfläche ein Gitter ca. 30–50 cm tief einzugraben. Allerdings bedeutet das einen beträchtlichen Aufwand. Buddeln die Kaninchen sehr viel, ist es nötig, die Gänge und Höhlen regelmäßig wieder zu verschließen.

Das Gehege muss von allen Seiten und von oben mit Gittern versehen werden, um Katzen und andere Tiere fernzuhalten. Bei größeren Gehegen hat es sich bewährt, diese so hoch zu bauen, dass der Halter aufrecht drin stehen kann, und sie mit einer

> **Wichtig:** Auslauf ist gerade in der Winteraußenhaltung entscheidend, da sich die Kaninchen durch die Bewegung warm halten. Dass die Kaninchen im Sommer Auslauf auf der Wiese im Garten bekommen sollten, versteht sich von selbst.

Tür auszustatten. Soll das Gehege oben offen bleiben, muss es mindestens 2 m hoch sein, und die Oberkante muss zusätzlich mit Elektrodraht gesichert werden. Ein Bereich des Geheges sollte immer im Schatten liegen.

Einrichtung

Wichtig: Da die Sonne wandert, ist es vor dem Bau eines Außengeheges wichtig, das gesamte Terrain über einen Tag zu beobachten um ganz sicher zu gehen, dass immer Schatten vorhanden ist. Ein Teil des Auslaufes kann mit einem geschlossenen Dach versehen werden. Dieses sollte leicht abgeschrägt sein, damit Regenwasser ablaufen kann. Das Anbringen einer Regenrinne ist sinnvoll.

Ideal ist ein begrüntes Gehege. Hier besteht der Untergrund des Auslaufs aus einer Wiese, auf der verschiedene Gräser sowie Kräuter (Löwenzahn, Geißfuß, Spitzwegerich etc.) wachsen. Leider ist eine solche Wiese bei einer hohen Besatzdichte bald abgefressen, und gerade im Herbst/Winter wird der Untergrund schnell matschig. Dann ist es sinnvoll, eine Schicht trockenen Sandes oder Rindenmulchs auszubringen.

Unterschlüpfe und Begrünung

Halbe Korkröhren, große Wurzeln zum Darunterkrabbeln, Weidenzweigröhren, Steinhäuschen, große Tonröhren (mindestens 20 cm Durchmesser), offene Kästen und Etagen mit Rampen können das Gehege optisch aufwerten, verschaffen im Sommer Schatten und geben den Kaninchen die Möglichkeit, sich zu beschäftigen und zu verstecken. Sträucher bieten den Tieren Futter und ebenfalls Unterschlupf. Gut geeignet sind z. B. Haselnusssträucher und Johannisbeerbüsche, allerdings werden diese natürlich von den Kaninchen stark angenagt. Sträucher, die nicht zernagt werden sollen, können im unteren Bereich ca. 30 cm hoch mit einem Gitter umwickelt werden. So dienen die Zweige nur als Sonnenschutz, ohne dass die Pflanze und ihre Wurzeln beschädigt würden. Bei der Gehegebegrünung muss natürlich darauf geachtet werden, dass nur Pflanzen verwenden werden, die ungiftig für Kaninchen sind. Ist eine für die Begrünung vorgesehene Pflanze nicht in der Futterliste in diesem Buch zu finden, ist es ratsam, einen Blick in die Giftpflanzenliste der Universität Zürich zu werfen: http://www.vetpharm.unizh.ch/. Weitere Anregungen für die Einrichtung und notwendiges Zubehör sind im Kapitel „Wohnungshaltung" zu finden – viele der dort beschriebenen Einrichtungsgegenstände lassen sich auch in Außengehege integrieren. In der Außenhaltung wird das gleiche Zubehör (Wasserflaschen, Näpfe etc.) wie in der Wohnungshaltung verwendet.

Tipp: Ist die Grundfläche groß, kann es sinnvoll sein, das Gehege aufzuteilen und immer nur einen Teil zur Verfügung zu stellen. So kann sich die Wiese sich zwischendurch teilweise erholen, und es steht immer frisches Grün zur Verfügung.

Ungesicherter Freilauf auf der Wiese?

Natürlich ist ein Freilauf auf der Wiese und im Garten für die Kaninchen paradiesisch. Aber grundsätzlich ist es nicht ungefährlich, seine Kaninchen völlig frei im Garten laufen zu lassen. Selbst wenn der Garten komplett mindestens 1 m hoch umzäunt ist und der Halter den Auslauf durchgehend überwacht, kann es zu Problemen kommen. Bei großen Gärten kann der Halter nicht völlig sicher sein, dass nicht doch irgendwo giftige Pflanzen wachsen, die vom Kaninchen gefressen werden. Es hält sich immer noch hartnäckig das Gerücht, die Tiere würden von sich aus keine Giftpflanzen verzehren. Das mag zum Teil stimmen, aber gerade nicht heimische Pflanzen können Kaninchen dazu verleiten, sie zu fressen. Solche Fälle kommen immer wieder vor. Deshalb kann mit Sicherheit gesagt werden, dass Kaninchen eben nicht immer wissen, was sie vertragen und was nicht.

Achtung!
Andere Tiere, vor allem Katzen, könnten auch tagsüber in den Garten gelangen und die Kaninchen jagen, noch bevor der Halter eingreifen kann. Manche Kaninchen buddeln sich draußen eine Höhle und sind nach dem Auslauf nicht bereit, freiwillig wieder in ihr Gehege aufzusuchen. Das Einfangen wird dann zu einer echten Geduldprobe und nicht selten zu einer Hetzjagd, die für Mensch und Tier sehr anstrengend ist. Jeder Halter sollte sich also darüber im Klaren sein, dass ein Auslauf frei im Garten gefährlich ist.

Auslauf auf der Wiese ist für Kaninchen nicht immer ungefährlich. Foto: I. Domaschke

Gehege mit fest installiertem Auslauf müssen häufiger gereinigt werden. Foto: G. Cappeller

Gehegereinigung

Die Schutzhütte sollte zweimal die Woche gereinigt werden, Streu und Stroh werden entfernt. Mindestens einmal die Woche wird das Gehege ausgewischt und frische Einstreu und Stroh eingebracht. Bei kleineren Ausläufen kann es sinnvoll sein, eine Toilette aufzustellen, die regelmäßig alle 1–2 Tage gereinigt wird. Liegen viele Kötel im Auslauf, dann sollten diese aufgefegt und entfernt werden. Bei Haltung auf Rindenmulch ist dieser nach Bedarf auszutauschen. Auch die Gehegeeinrichtung muss regelmäßig ausgewaschen werden.

Tipp: Sind die Kaninchen robust und „rund", sollten keine Haferflocken gegeben werden. Futter und Wasser werden im Winter grundsätzlich in der Schutzhütte angeboten, da sie dort weniger schnell gefrieren. Im Sommer wird das Futter im Gehege verteilt oder in offene Unterstände gestellt.

Andere Fütterung im Winter bei Außenhaltung?

Frischfutter sollte mehrmals täglich in kleinen Mengen gegeben werden. Dies ist besonders im Winter wichtig, da Reste sonst gefrieren, was zu Darmproblemen führen kann. Trinkwasser, das im Napf angeboten wird, sollte im Winter mit entsprechenden Wärmeplatten warm gehalten werden. Es können natürlich auch Tränken angeboten werden, die mit Wärmespiralen warm gehalten werden. Entsprechende Wärme-platten/Wärmespiralen sind im Zoofachhandel zu bekommen. Kaninchen in Kaltstallhaltung benötigen im Winter mehr Energie, um ihr Gewicht zu halten. Gut geeignet als Futter sind darum energiereiche Gemüsesorten wie z. B. Möhren, Fenchelknollen, Steckrüben, Kohlrabi sowie in kleinen Mengen auch geschälte und gedünstete Kartoffeln. Ergänzt wird das Futterangebot natürlich durch Grün-futter, getrocknete Kräuter und durchgehende Heugaben. Melasse- und getrei-defreie Pellets, Haferflocken und ggf. Trockengemüse (Möhren, Erbsenflocken, Pastinake) können bei Kaninchen, die stark an Gewicht verlieren, das Nahrungs-angebot erweitern: Pro Kilogramm Körpergewicht werden täglich ca. ein Teelöffel dieser Futtermischung gereicht, bei untergewichtigen Tieren etwas mehr.

Besonderheiten bei Balkonhaltung

Auch bei der Haltung auf dem Balkon müssen alle Außenhaltungsregeln einge-halten werden. Eine Schutzhütte, Auslauf und Schatten müssen vorhanden sein. Kaninchen, die auf dem Balkon leben, dürfen vor allem im Winter nicht in die Wohnung – damit beugt man Erkrankungen vor. Bei der Haltung auf dem Bal-kon sollte bedacht werden, dass Kaninchen gern springen. Ein unbedacht zu nah am Rand abgestellter Einrichtungsgegenstand kann schlimme Folgen haben: Springt das Kaninchen von dort aus über den Rand, wird es tief stürzen und sich schwer oder gar tödlich verletzen. Der Balkon muss also grundsätzlich, wie hoch die Brüstung auch sein mag, mit einem Gitter gesi-chert werden.

„Sommerprobleme"

Kaninchen als Höhlenbewohner und dämmerungsak-tive Tiere vertragen hohe Temperaturen nur schlecht. So bringen die Außenhaltung, aber auch die Wohnungs-haltung in der wärmeren Jahreszeit einige Probleme mit sich. Ab Temperaturen über 25 °C fühlen Kaninchen sich unwohl, ab 30 Grad muss für Kühlung gesorgt werden. Aus diesem Grund gehe ich hier auf einige „Sommerprobleme" nä-her ein.

Wichtig: Direkte Sonnenein-strahlung in das Kaninchenzim-mer oder auch auf das Kaninchen-außengehege ist zu vermeiden, es sollten immer ausreichend gut be-lüftete Schattenplätze für alle Tiere aus der Gruppe vorhanden sein. Bei langhaarigen Kaninchen (z. B. Löwen-kopf- und Angorakaninchen) muss das Fell im Sommer auf ein ange-messenes Maß gekürzt werden.

Mit einfachen Mitteln ist es möglich, den Kaninchen ein wenig Kühlung zu ver-schaffen.

Wohnungsgehege müssen gut belüftet sein. In Außenhaltung dürfen die Tiere auf keinen Fall in üblichen Kaninchenbuchten sitzen, die Kaninchen müssen jederzeit Zugang zu einem großzügigen Auslauf mit guter Belüftung haben.

Kacheln, Steine und Tonröhren sind als kühle Liegeplätze im Sommer sehr beliebt. Ein Sandkasten wird mitunter ebenfalls gern genutzt, auch angefeuchteter Sand oder mit Wasser besprühter Rasen werden gern zur Abkühlung aufgesucht. Auf keinen Fall darf allerdings das ganze Gehege feucht sein! Glasflaschen mit gefrorenem Wasser (die Flasche nur zu drei Vierteln füllen, sie platzt sonst im Gefrierfach), in ein Handtuch gewickelt, können ins Gehege gelegt werden. Die Kaninchen bestimmen dann selbst, ob sie diese zur Abkühlung aufsuchen möchten oder nicht.

Feuchte Handtücher dürfen ebenfalls angeboten werden – z. B. über einen Korb gelegt, damit die Tiere darunterkriechen können.

Handelt es sich um „Wohnungskaninchen", die nur tagsüber Auslauf im Garten bekommen, ist darauf zu achten, dass mehrere gut belüftete, schattige Unterstände vorhanden sind. Das Gehege darf auf keinen Fall in der prallen Sonne stehen (Vorsicht, die Sonne

Achtung!
Auf keinen Fall dürfen Kaninchen im Sommer in einem handelsüblichen Käfig auf den Balkon oder in den Garten gestellt werden!

Schattige Plätze mit Sandboden sind im Sommer optimal. Foto: S. Wilde

„wandert"!). Die Versorgung mit Trinkwasser und Grünfutter muss gewährleistet sein. Wenn es über Mittag sehr heiß wird und die Kaninchen offensichtlich darunter leiden, dann sollte während dieser Zeit kein Auslauf im Garten gegeben werden. Der Auslauf ist in solchen Fällen in die Morgen- und Abendstunden zu verlegen, mittags werden die Kaninchen an einem kühlen Ort untergebracht. Bei Tieren in Wohnungshaltung ist ein Klimagerät ideal, welches die Raumtemperatur auf einer gleichbleibenden Temperatur hält. Starke Temperaturschwankungen sollten aber auch hierbei vermieden werden!

Transport im Sommer

Grundsätzlich sind Transporte bei hohen Außentemperaturen zu vermeiden. Ist ein Transport zum Tierarzt unvermeidbar, dann muss dieser in die frühen Morgen- oder späten Abendstunden gelegt werden. Wenn möglich, sollte der Transport in einem klimatisierten Fahrzeug durchgeführt werden. Die Klimaanlage im Auto darf aber nicht zu niedrig eingestellt und die Tiere dürfen auf keinen Fall direkt davor platziert werden oder Zugluft bekommen. Eine zu starke Temperaturdifferenz zur Außentemperatur ist unbedingt zu vermeiden. Für den Transport dürfen keine allseits geschlossenen Behälter verwendet werden: Gut eignen sich kleine Gitterkäfige für Hamster, die oft günstig gebraucht gekauft werden können. Auf Plastiktransporter mit Luftschlitzen, wie sie zu anderen Jahreszeiten sinnvoll sind, sollte nur im Notfall zurückgegriffen werden. Auf alle Fälle sollten während des Transports Wasser oder zumindest ein stark wasserhaltiges Gemüse wie Gurken angeboten werden. Auf keinen Fall dürfen die Kaninchen länger als nötig im Transportfahrzeug gelassen werden. Jeder Umweg ist zu vermeiden, die Kaninchen dürfen nicht unbeaufsichtigt bleiben! Bei geschlossenen Transportbehältern erleichtern ein kühles Handtuch oder ein Kühlakku auf der Box den Transport, alle fünf Minuten sollte der Transporter zur Belüftung geöffnet werden, das Kaninchen sollte Wasser angeboten bekommen, und sein Zustand wird kontrolliert. Auf Ausstellungen und ähnliche Veranstaltungen sollte während der heißen Sommermonate gänzlich verzichtet werden.

Andere Fütterung?

Bei großer Hitze werden die Tiere eher träge und bewegen sich wenig. Das sollte bei der Fütterung bedacht werden. Häufig haben Kaninchen über Mittag ohnehin kaum Appetit, je eine Fütterung am Morgen und am Abend reichen aus. Leider dürfen Kaninchen gerade über Mittag auch keine stark wasserhaltigen Gemüsesorten gereicht bekommen. Insbesondere so erfrischendes Grünfutter wie Salat und Gurken können, wenn sich die Kaninchen wenig bewegen und es dazu noch warm ist, zu Fehlgärungen im Darm führen, und die Kaninchen bekommen schmerzhafte Blähungen. Gras und Kräuter dürfen Kaninchen in Außenhaltung aber natürlich den ganzen Tag über zu sich nehmen.

Tiergerechte Kaninchenernährung

Tiergerecht - was ist darunter zu verstehen?

Eine tiergerechte Kaninchenernährung orientiert sich eng am natürlichen Futterspektrum wilder Kaninchen. Die Wildform unserer Hauskaninchen ernährt sich in erster Linie von verschiedenen Gräsern sowie von Wildkräutern und auch deren Samen. Das Futterspektrum wird durch Baumrinden, Äste und Blätter verschiedener Büsche erweitert. Kaninchen, die in Menschennähe leben, nehmen auch Gemüsepflanzen, Obst und Wurzeln sowie im Herbst Getreide auf. Die Ernährung im Winter ist karg, trockene Gräser und Kräuter sowie Rinden von Bäumen und Büschen dienen dann in erster Linie als Nahrung. Die Ernährung von Wildkaninchen ist also sehr rohfaserreich, rein pflanzlich und enthält relativ wenig Fett und Protein.

Unsere Hauskaninchen unterscheiden sich optisch je nach Rasse sehr von ihren wilden Verwandten. Sie sind oft größer, haben mitunter einen gedrungeneren Körperbau und zeigen viele verschiedene Farben und Fellarten. Durch eine hochwertige Nahrung über einen sehr langen Domestikationszeitraum hat sich ihre Verdauung ein wenig verändert, ihr Darm ist etwas kürzer als bei ihren wilden Verwandten. Trotzdem sind die meisten Kaninchen noch ähnlich gute Futterverwerter wie Wildkaninchen. Dieser Tatsache sollte die Ernährung Rechnung tragen.

Wussten Sie eigentlich ...?
Kaninchen sind in der Lage, nahezu alle Nährstoffe, die sie brauchen, über Gräser und Kräuter zu beziehen. Bestimmte Vitamine synthetisieren sie in ihrem Blinddarm und nehmen diese mit dem Blinddarmkot auf. Sie können Vitamin C speichern.

Gras/Kräuter

Das gesündeste und wichtigste Nahrungsmittel für Kaninchen findet der Halter im Sommer auf grünen Wiesen. Auf einer „echten Wiese" wachsen verschiedene Grassorten, ebenso Blumen und Kräuter. „Gute" Wiesen werden nur zwei Mal im Jahr gemäht, dort wächst das Gras hoch und kräftig. Kräuter und Gräser enthalten praktisch alle Nährstoffe, die Kaninchen benötigen. Es gibt unzählige verschiedene Grassorten und Kräuterarten, die als Futtermittel angebaut werden oder sich auf Wildwiesen finden lassen. Nach langsamer Gewöhnung dürfen Gras und frische Kräuter unbegrenzt angeboten werden. Tiere in Außenhaltung mit großen Gehegen finden also ihr „täglich Brot" auf der gut gepflegten Wiese direkt im

Gehege. Doch nicht jeder Kaninchenhalter hat die Möglichkeit, seinem Tier eine Wiese zur Verfügung zu stellen. Deshalb ist es sinnvoll, im Sommer Gras und Kräuter zu sammeln.

Hinweise zum Sammeln von Gras und Kräutern

Gräser und Kräuter, welche direkt am Wegrand wachsen, sollten aus folgenden Gründen nicht gesammelt werden:

- An Feldrändern wachsen Löwenzahn & Co. gut, weil sie mitgedüngt werden. Den Dünger wollen wir aber, ebenso wie Pestizide, nicht auf und in unserem Futter haben.
- In der Stadt wachsen Gras und Kräuter am Rand von Wiesen und Grundstücken gut, weil die Hunde dort kräftig „mitdüngen". Dies führt dazu, dass die Gräser und Kräuter zu nitrathaltig sind. Durch die Ausscheidungen der Hunde können außerdem Krankheiten übertragen werden.

Frischer Löwenzahn ist bei Kaninchen eine beliebte Delikatesse. Foto: S. Tschöpe

- An Straßenrändern sind Futterpflanzen gewöhnlich großen Mengen an Autoabgasen ausgesetzt; auch gründliches Abwaschen befreit das Grün natürlich nicht von den Schadstoffen, die sie in sich tragen.

Selbstverständlich ist Gras, das mittels Sense gemäht wird, gut geeignetes Futter, aber Gras aus dem Rasenmäher ist grundsätzlich tabu:

- Das meist sehr kurz geschnittene Gras gärt schneller und fängt schon kurze Zeit nach dem Mähen an zu faulen. Bereits zwei Stunden nach dem Mähen finden im Gras Gärprozesse statt, die für Kaninchen gefährlich werden können.

- Rasenmäherklingen werden geölt – dieses Öl kommt natürlich auch auf das frisch gemähte Gras. Das ist nicht nur unappetitlich, sondern Motoröl im Tiermagen ist auch gesundheitsschädlich.

- Mit dem Benzinrasenmäher geschnittenes Gras eignet sich auch durchgetrocknet nicht als Futter – aufgrund des Öls und auch der Benzinabgase, die beim Mähen mit Benzinrasenmähern an das Gras kommen.

Wussten sie eigentlich ...?
Grünes Getreide wird grundsätzlich nur ungedüngt angeboten, also nicht von konventionell bewirtschafteten Getreidefeldern! Wild wachsende, grüne Getreidehalme von ungedüngten Wiesen können dagegen verfüttert werden.

Vorsicht beim Futtersammeln!

Beim Futtersammeln in der Natur sollte drauf geachtet werden, dass kein Ungeziefer wie Zecken mit nach Hause gebracht wird. Vor allem an Büschen, Sträuchern und im hohen Gras warten Zecken auf Kundschaft. Ebenso sollte kein Futter von Wiesen mitgenommen werden, die extrem stark von wilden Kaninchen frequentiert werden; diese Wiesen sind daran zu erkennen, dass sehr viele Kaninchenkötel die Reviergrenzen markieren, meist befinden sie sich an Waldrändern. Dort besteht die Gefahr, sich Parasiten und andere Krankheitserreger einzuschleppen. Allerdings: Auf gesunden Wiesen werden meist auch einige Kaninchen zu finden sein, das ist unbedenklich. Wiesen mit einer hohen Schnecken- und Ameisendichte sollten ebenfalls nicht als Futterquelle genutzt werden, hier finden sich häufig Leberegel.

Achtung!
Es sollten nur Pflanzen verfüttert werden, die von Kaninchen gut vertragen werden und frei von Schadstoffen und Krankheitserregern sind.

Grüne Blätter an den Zweigen bieten Abwechslung. Foto: A. Zenker

Kaninchen in Außenhaltung erarbeiten sich ihr Grünfutter. Foto C. Scholz

So wird gesammelt

Oft gibt es an Ortsrändern wilde Wiesen, auf denen gepflückt werden darf. Sicher rennt dort oft der eine oder andere Hund umher, aber meist doch eher am Wegrand. Daher ist es sinnvoll, in der Mitte der Wiese zu pflücken. Handelt es sich um Heuwiesen, die zu einem Bauernhof gehören, ist es notwendig sich beim Besitzer zu erkundigen, ob dort gepflückt werden darf. Nicht alles auf der Wiese ist für Kaninchen gesund und fressbar. Deshalb sollten nur Pflanzen mitgenommen werden, die als ungiftig bekannt sind. Bei Pflanzen, die nicht genau zugeordnet werden können, ist es sinnvoll, eine Probe mitzunehmen, um sie zu Hause mit Hilfe eines Buches und des Internets genauer zu bestimmen.

Wo soll ein „Stadtmensch" ohne Wiesen in der Umgebung sammeln?

Ein paar Möglichkeiten bieten sich auch dem Stadtmenschen. Beispielsweise Spielplätze, da sind Hunde oft verboten – und teilweise halten sich die Hundehalter sogar daran. Wiesen gibt es auf fast jedem guten Spielplatz. Um den Kaninchen ein wenig frisches Grün anzubieten, ist es auch möglich, kleine „Graswiesen" auf der Fensterbank zu ziehen. Dazu werden nur ungedüngte Erde, ein Blumenkasten und eine gute Grassamenmischung benötigt. Die Grassamen werden auf die Erde gestreut und angefeuchtet. Gut feucht gehalten wächst dort innerhalb von 2–3 Wochen eine kleine „Wiese".

Heu

Da wilde Wiesen natürlich nicht in ausreichender Menge und im Winter meist gar nicht zur Verfügung stehen, wird als Grundfutter „getrocknete Wiese", also Heu gereicht. Heu hält ebenso wie Gras den Darm in Schwung, da es durch den hohen Rohfaseranteil in großen Mengen aufgenommen und wieder ausgeschieden wird. Es nützt dem Zahnabrieb der Backenzähne, wenn es zermahlen wird, und es enthält, obwohl es getrocknet ist, viele Mineralstoffe und Vitamine. Heu muss immer zur freien Verfügung im Gehege vorhanden sein, da Kaninchen den ganzen Tag fressen müssen, um ihren Darm in Gang zu halten. Selbst bei durchgehender Fütterung von frischem Gras und Kräutern muss zusätzlich Heu angeboten werden! Heu wird auch von Kaninchen gefressen, die ein breites Grünfutterspektrum gereicht bekommen, um die Verdauung im Gleichgewicht zu halten. Hochwertiges Kräuterheu enthält viele Nährstoffe, die ein Kaninchen benötigt, um gesund zu bleiben. Es muss leicht grünlich sein und aromatisch riechen. Ungeeignet ist sehr altes, staubiges, muffiges oder extrem gelbes Heu. Staubt das Heu sehr stark oder finden sich schwarze Stellen im Heu, ist es schimmelig und ungenießbar. Extrem stark duftendes Heu aus dem Zoofachgeschäft könnte mit Duftstoffen behandelt sein und ist ebenfalls eher ungeeignet. Grundsätzlich sollte das Heu so naturbelassen wie möglich sein.

Heu sollte mindestens drei Monate gelagert werden, bevor es verfüttert wird. Direkt nach dem Schnitt vermehren sich im Heu Bakterien. Das bewirkt einen Gärprozess, und dadurch kann frisches Heu zu Darmproblemen führen. Nach einer dreimonatigen (in heißen Sommern reichen auch zwei Monate) Trocknung

> **Tipp:** Heu wird idealerweise trocken und luftig gelagert. Feuchte Keller eigenen sich also nicht zur Heuaufbewahrung, gut belüftete Dachböden oder Abstellkammern dagegen sehr. Damit das Heu gut belüftet bleibt, wird es in einem Jutesack oder alternativ in einem Leinenbettbezug gelagert.

In einer Leinentasche kann Heu sauber angeboten werden.
Foto: G. Cappeller

ist die Gärung abgeschlossen, das Heu ist dann gut verdaulich. Lediglich Reuterheu (Heu, das auf Gestellen ausgebreitet getrocknet wird) kann schon wenige Tage, nachdem es auf dem Reuter war, verfüttert werden. Durch die gute Durchlüftung kommt es nicht zur Gärung, und so bleibt es vitaminreicher als herkömmlich getrocknetes/wiesengetrocknetes Heu. Gutes Wiesenheu wird während der Trocknung flach ausgebreitet und täglich gewendet.

Empfehlenswert ist Heu des ersten Schnitts, idealerweise ab Juni geerntet. Der erste Schnitt ist meist grober und enthält mehr Rohfaser und Nährstoffe als der zweite. Eine Mischung aus zweitem und erstem Schnitt ist ebenfalls günstig. Oft sind im Heu verschiedene Grassorten und Kräuter enthalten, je nachdem, was auf den Wiesen ausgesät wurde. Die Erntezeit, das Wetter sowie die Grassorte sind für die Qualität und den „Nährwert" des Heus ebenso entscheidend wie die Lagerung. Aus diesem Grund können für Heu nur grobe Analysewerte angegeben werden. Es enthält durchschnittlich 8–16 % Rohprotein, 22–35 % Rohfaser, 3–5 % Kalzium und 1–3 % Phosphor.

Getrocknete Kräuter, Blätter und Blüten

Besonders vitamin- aber auch mineralstoffreich sind getrocknete Kräuter, Blüten und Blätter. Diese sind teilweise im Heu vorhanden, können aber auch zusätzlich gegeben werden. Im Winter sind sie als Futterzusatz zu empfehlen. Getrocknete Kräuter enthalten oft viel Kalzium (im Schnitt ca. acht Mal so viel wie frische Kräuter). Werden zu viele trockene Kräuter gereicht, kann es daher zu einer Kalziumüberversorgung kommen.

> **Wichtig:** Bei genetisch entsprechend veranlagten Kaninchen oder Kaninchen mit bestehenden Blasenproblemen können getrocknete Kräuter Blasenschlamm und -steine begünstigen. Daher rate ich zu einer maßvollen Fütterung mit getrockneten Kräutern – sie sind eher als „Konzentratfutter" zu sehen.

Grünfutter

Unter Grünfutter werden alle frischen, grünen Pflanzenteile zusammengefasst. Gemeint sind vor allem Wildkräuter wie Löwenzahn, Kohldistel, Beifuß, Kamille, Ackerminze und natürlich verschiedene Gräser, Küchenkräuter wie Petersilie, Basilikum, ebenso Blumen wie Sonnenblumen, Ringelblumen, Gänseblümchen sowie Kraut und Blätter von Kulturpflanzen (ungedüngt, Bio oder aus eigenem Garten, ansonsten zumindest gründlich abwaschen!), wie beispielsweise Möhrenkraut, Fenchelgrün, Kohlrabiblätter.

Grünfutter liefert dem Kaninchen vor allem Kohlenhydrate, Fette (in Form von Samen), Eiweiße, Mineralstoffe, Vitamine und natürlich jede Menge Abwechslung auf dem Speiseplan. Gesunde Kaninchen dürfen sich an Grünfutter satt fressen. Wer im Sommer die Möglichkeit hat, sollte täglich frisch gepflücktes Grünfutter

Tipp: Unsere Kaninchen sind keine Abfalleimer und reagieren empfindlich auf verfaulte oder angegorene Reste. Bei Kohlrabiblättern, Möhrengrün und anderen Grünpflanzen aus dem Supermarkt sollte darauf geachtet werden, dass diese frisch und sauber sind.

anbieten. Nach langsamer Gewöhnung kann gemischtes Grünfutter – zusätzlich zu Gras und Heu – zur freien Aufnahme angeboten werden. Bei Grünfütterung geht die Heuaufnahme mitunter stark zurück, manche Kaninchen nehmen dann kein Heu mehr auf. Das ist nicht weiter bedenklich, es sollte aber trotzdem immer Heu angeboten werden. Auch Stadtmenschen ohne Naturanbindung können einiges an Grünfutter im Supermarkt finden. Allerdings: Keine matschigen Reste aus der Grünfuttertonne verfüttern!

Geeignete Gräser, Kräuter und Grünfutter

Eine Auflistung verschiedener Futterpflanzen von der Wiese und aus dem Garten.

Grünfutter/Kräuter, Blätter, Blüten	Calcium, Frisch/getrocknet mg/100 g	Phosphor, Frisch/getrocknet mg/100
Ackerfuchsschwanz	—	—
Basilikum	86/369	490/2113
Beifuß, gewöhnlicher frisch	150 frisch	50
Breitwegerich	—	—
Brennesselkraut	getrocknet 1078	getrocknet 647
Brunnenkresse	230	79
Dill	230/1343	85/496
Echinacea, Sonnenhut	—	—
Gänseblümchen	—	—
Gartenmelde	100/1090	35/381
Gemüse-Gänsedistel	—	—
Giersch, frisch	230	88
Getreide	—	—
Golliwoog	180	—
Hirtentäschelkraut	—	—
Huflattich	320	51
Kamille	—	—
Kerbel	400/1819	50/227
Knaulgras	—	—
Klee	—	—
Kornblumen	—	—
Liebstöckel	—	—
Löwenzahn mit Wurzel und Kraut	170/1164	70/479
Luzerne	450/950	62/250
Malve, (wilde)	frisch 200	frisch 95
Melisse	150/1056	50/352

Frisches Grün ist ein unverzichtbarer Bestandteil der Kaninchenernährung.
Foto: K. Aretz

Besonderheiten

Ein Fuchsschwanzgras, einheimische, gut bekömmliche Grasart.

Wirkt krampflösend, appetitanregend und beruhigend.

Hoher Thujongehalt im Kraut

Wirkt als Tee entzündungshemmend.

Getrocknet verfüttern - junge Triebe können vorsichtig frisch gereicht werden, wirkt harntreibend.

Enthält atemwegsreizende Senfölglykoside, nur in kleinen Mengen anbieten, wirkt leicht appetitanregend, stoffwechselfördernd und harntreibend.

Enthält viele Vitamine, wirkt appetitanregend und krampflösend.

Stärkt die Abwehrkräfte.

In größeren Mengen wirken Gänseblümchen leicht abführend.

—

Weitere Namen sind Kohl-Gänsedistel oder Gewöhnliche Gänsedistel.

Schmeckt ein wenig wie Petersilie.

Die grünen Halme von verschiedenen Getreidesorten wie Dinkel, Gerste, Hafer, Hirse, Roggen und Weizen sind als Futter geeignet.

Eine Zierpflanze, die sich als Tierfutter zu eignen scheint.

Nicht an trächtige Tiere verfüttern, wirkt wehenfördernd.

Wirkt entzündungshemmend, kann in großen Mengen zu Leberschäden führen.

Wirkt positiv bei Verdauungsbeschwerden und Atemwegserkrankungen.

Als Futterpflanze geeignet sind Wiesen-Kerbel und Gartenkerbel.

Eine Horstgrasart, einheimische, gut bekömmliche Grasart.

Gelbklee, Weißklee und Rotklee werden in geringen Mengen gut vertragen. Zur Blütezeit enthalten sie eine geringe Menge cyanogene Glycoside (daraus wird Blausäure abgespalten). Gerade junger Klee wirkt in großen Mengen stark Aufgasend und bei übermäßigem Verzehr kann es zu Durchfall kommen.

Werden auch gern getrocknet gefressen.

Wirksam bei Nieren- und Magenleiden, wirkt abtreibend, nicht an trächtige Tiere verfüttern.

Wirkt harntreibend, appetitanregend, kann den Urin rötlich verfärben.

Durch den hohen Eiweißanteil bindet Luzerne Kalzium im Körper.

Ebenfalls gute Futterpflanzen sind Quirlmalven.

Zitronenmelisse wirkt beruhigend.

Oregano	264/1576	34/200
Petersilie	250/1847	130/960
Pfefferminzblätter	frisch 150	frisch 50
Pimpernelle	—	—
Ringelblumen		—
Rispengras	—	—
Rohrschwingel	—	—
Sauerampfer	50/609	70/852
Schafgarbe	—	—
Sonnenblumen	—	—
Spitzwegerich	—	—
Vogelmiere	80	54
Wiesen-Kammgras	—	—
Wiesen-Lieschgras	getr. 400	getr. 280
Wiesen-Rispengras	—	—
Wiesensalbei	270	15

— = Es standen keine Informationen zur Verfügung

Unverträgliches

Die hier aufgezählten Pflanzen sind schwach bis stark giftig. Teilweise können die Tiere sie in geringen Mengen fressen, ohne Probleme zu bekommen, andere Pflanzen hingegen sorgen für starke Vergiftungen. Mitunter sind nur Teile der Pflanze unverträglich:

Agave, Aloe Vera, Alpenveilchen, Amaryllis, Anthurie, Aaronstab, Azalee, Bärenklau, Berglorbeer, Bilsenkraut, Bingelkraut, Bittersüßer Nachtschatten, Blauregen, Bocksdorn, Buchsbaum, Buschwindröschen, Christrose, Christusdorn, Eibengewächse, Einblatt, Eisenhut, Essigbaum, Farne, Fensterblatt, Fingerhut, Gartenwicken, Ginster, Goldregen, Gundermann, Hahnenfuß, Hartriegel, Heckenkirsche, Herbstzeitlose, Holunder, Hundspetersilie, Hyazinthe, Ilex, Jakobsgreiskraut, Kalla, Kartoffelkraut, Kirschlorbeer, Lebensbaum, Liguster, Lupine, Maiglöckchen, Mistel, Narzissen, Oleander, Osterglocke, Primel, Rebendolde, Robinie, Sadebaum, Sauerklee, Sumpfschachtelhalm, Schierling, Schneebeere, Schneeglöckchen, Schöllkraut, Seidelbast, Sommerflieder, Stechapfel, Tollkirsche, Wacholder, Wolfsmilchgewächse (alle), Wunderstrauch, Zypressenwolfsmilch.

Frischfutter in Form von Gemüse und Obst

Um den Kaninchen zusätzlich Vitamine, Eiweiß und auch Kohlenhydrate zuzuführen und Abwechslung in den Futterplan zu bringen, sollten täglich frisches Gemüse und auch gelegentlich Obst angeboten werden. Frischfutterreste müssen

Wirkt vorbeugend gegen Kokzidiose.

Unterstützt Wehen, sollte trächtigen Tieren nur begrenzt oder gar nicht angeboten werden.

Wirkt entkrampfend, durchblutungsfördernd, beruhigend.

Auch bekannt als Kleine Wiesenknopf (Sanguisorba minor), hoher Vitamin-C-Gehalt.

Wirken beruhigend

Einjähriges Rispengras, Wiesen-Rispengras, Gemeines Rispengras etc., einheimische, gut bekömmliche Grassorten

Eine Horstgrasart, einheimische, gut bekömmliche Grasart.

Stark oxalsäurehaltig

Appetitanregend, sinnvoll bei Blasen- und Nierenleiden

Blüten und Blätter können verfüttert werden. Kerne nur selten, da sie sehr fetthaltig sind.

Wirkt adstringierend und antibakteriell, sinnvoll bei Blasenproblemen und Erkrankungen der Atemwege

Wirkt schmerzlindernd bei Gelenkproblemen, ist stark nitrathaltig.

Eine Kammgrasart, eine einheimische, gut bekömmliche Grasart.

Timotheeheu

Ein einjähriges Rispengras

Ist besser verträglich als Küchensalbei.

Alle Angaben sind Durchschnittswerte, da die Nährwertangaben je nach Lagerung, Bodenbeschaffenheit und Anbaugebiet stark schwanken.

frühzeitig entfernt werden, um Schimmelbildung im Gehege vorzubeugen. Frischfutter sollte vor dem Verfüttern immer abgewaschen werden, um Spritzmittelreste und groben Schmutz zu entfernen. Es reicht bei Blattgemüse und Grünfutter aus, dieses anschließend in einer handelsüblichen Salatschleuder zu trocknen.

Mindestens 100 g gemischtes Gemüse pro Kilogramm Körpergewicht benötigen Kaninchen täglich. Je nach Qualität und Zusammensetzung des Frischfutters kann es auch mehr sein. Nicht alle Sorten eignen sich zur unbegrenzten Verfütterung. Es sollte auf eine ausgewogene Mischung und ein Kalzium/Phosphor-Verhältnis von 1,5:1 geachtet werden. Gesunde, aber schlanke Tiere, sollten vermehrt Knollengemüse bekommen, eher übergewichtige Kaninchen benötigen weniger davon. Im Sommer kann das Gemüse weitgehend durch frisches Grün ersetzt werden. Allerdings ist eine Gemüsefütterung auch dann notwendig, denn 3–4 Gemüsesorten täglich in kleinen Mengen schützen vor Mangelerscheinungen.

Es wird immer wieder behauptet, Frischfutter am Morgen führe zu Darmproblemen, und Kaninchen müssten ihren Darm erst einmal mit Heu in Schwung bringen. Dies stimmt jedoch so nicht. Kaninchen fressen normalerweise rund um die Uhr Heu/Gras – somit ist der Darm, wenn ausreichend Heu vorhanden ist, immer gut versorgt und muss morgens nicht noch eigens angeregt werden. Bekommen die

Achtung!
Obst ist grundsätzlich als selten zu reichendes Leckerchen zu sehen. Der hohe Zuckeranteil kann zu Übergewicht und Darmproblemen führen sowie Diabetes begünstigen.

Tipp: Bei größeren Kaninchengruppen ist es sinnvoll, Gemüse in mehrere Stücke zu zerteilen, um Futterneid und Futterstreitigkeiten vorzubeugen.

Tiere jedoch am Abend viel Mastfutter/Trockenfutter, wird der Heukonsum über Nacht stark eingeschränkt, da die Tiere zu satt sind. Das kann dann durchaus dazu führen, dass Frischfutter oder Grünfutter am Morgen noch nicht gut vertragen werden. In diesem Fall ist es sinnvoll, am Morgen nur kleine Mengen Grün- und Frischfutter zu geben.

Die Sache mit dem Kohl

Häufig wird behauptet, Kohlgewächse aller Art seien für Kaninchen ungeeignet, da sie zu starken Aufgasungen führten. Nur wenige Kohlgewächse haben einen so hohen Gehalt an hochmolekularen Kohlenhydraten und wasserbindenden Ballaststoffen, dass sie roh zu einer starken Aufgasung führen können. Vor allem wären hier die Hartkohlsorten zu nennen: Rotkohl, Weißkohl, Rosenkohl und auch Wirsing. Zwar werden diese Kohlsorten von einigen Kleintieren (vor allem Kaninchen) in geringen Mengen auch gut vertragen, aber wer auf Nummer Sicher gehen möchte, sollte auf die Fütterung dieser Kohlarten verzichten. Die meisten anderen Kohlarten sind leichter zu verdauen und zählen zu den gesunden und reichhaltigen Nahrungsmitteln. Sie enthalten viele sekundären Pflanzenstoffe, Vitamine, Mineralien und Spuren-

Tipp: Wird Kohl zum ersten Mal verfüttert, sind immer nur sehr kleine Mengen einzelner Kohlsorten anzubieten. Wird der Kohl vertragen, kann die Menge langsam gesteigert werden. Kohl dient aber nicht als Alleinfutter oder Dauerfutter – er wird immer in Verbindung mit anderen Futtermitteln gereicht. Wird der Kohl vor dem Verzehr mindestens zwei Tage im Kühlschrank gelagert, wird er leichter verdaulich.

elemente. Gut verträglich sind z. B. Chinakohl, Kohlrabi, Grünkohl, Broccoli, Blumenkohl und Romanesko.

Zwar führen auch diese Futtermittel (wie viele andere Frischfutter- und Grünfuttersorten) mitunter zu einer leichten Gasbildung im Darm, aber bei einem gesunden Tier führt das nicht zu schmerzhaften Blähungen. Die Gase gehen auf natürlichem Wege über die Darmwände und den After ab und es kommt zu keiner starken Schaumbildung. Zu Problemen mit Kohlfütterung kommt es im Allgemeinen nur, wenn die Tiere zu wenig Bewegung bekommen, wodurch die Darmtätigkeit erlahmt. Auch eine generell falsche Ernährung (zu fetthaltig, zu viele Proteine, falsches Trockenfutter, große Mengen Mastfutter, zu geringe Rohfaseraufnahme etc.) kann Darmprobleme und damit auch eine Aufgasung begünstigen.

Salate – wirklich ungesund?

Wegen ihres teilweise hohen Nitrat- und Wassergehalts sowie der meist geringen Nährstoffmenge wird Salat von einigen Tierfreunden als Kaninchenfutter abgelehnt. Dem möchte ich mich nicht anschließen. Biosalate enthalten häufig weniger Nitrate, und auch konventionell angebaute Salate weisen je nach Erntequartal und Herkunftsland unterschiedlich hohe Nitratmengen auf. Der Wassergehalt im Salat schadet gesund ernährten Kaninchen nicht, im Gegenteil wird so auf natürlichem Weg Flüssigkeit zugeführt. Die niedrigen Nährstoffwerte sind Augenwischerei, denn diese Angaben entstanden aufgrund des hohen Wassergehalts. Das Wasser wird bei der Nährstoffbestimmung nicht herausgerechnet – logisch also, dass ein Futtermittel, das viel Wasser enthält, dann auf 100 g weniger Vitamine aufweist als ein Knollengewächs. Zieht man aber die Wassermenge ab, enthält Salat durchaus viele Vitamine, Mineralstoffe und sekundäre Pflanzenstoffe.

Wussten Sie eigentlich ...?
Es besteht kein Grund, den Tieren Salat vollständig vorzuenthalten. Darmprobleme wie Durchfall bei Salatfütterung sind meist eher eine Folge von Bewegungsmangel und grundsätzlich falscher Fütterung.

Gesunde Kaninchen bekommen bei mäßiger Salatfütterung auch keinesfalls Durchfall. Kleine Mengen Salat sind in Bezug auf den Nitratgehalt außerdem kaum bedenklich. Grundsätzlich ist Salat daher ein eher gesundes Leckerchen, und die meisten Kaninchen lieben Salat.

Möhrengrün ist ein gesundes Grünfutter.
Foto: K. Aretz

Geeignetes Gemüse und Obst

Nicht alle Kaninchen vertragen alle hier aufgeführten Futtersorten. Manche Kaninchen entwickeln mitunter Unverträglichkeiten gegen einzelne Gemüsesorten. Jedes Futtermittel kann bei einseitiger und übermäßiger Fütterung zu Unverträglichkeiten führen!

Gemüse/Obst	Kalzium mg pro 100 g	Phosphor mg pro 100 g	Besonderheiten
Ananas	16	9	Ananas kann in kleinen Mengen beim Fellwechsel gegeben werden.
Apfel	7	10	Alle Apfelsorten können verfüttert werden, die Kerne enthalten Blausäure.
Beeren	—	—	Erdbeeren, Heidelbeeren, Himbeeren, Brombeeren und Johannisbeeren können als Leckerchen angeboten werden.
Birne	9	15	Stark zuckerhaltig, darf nur selten als Leckerchen verfüttert werden.
Blattspinat	125	55	Hoher Oxalsäureanteil, darf nur in kleinen Mengen gegeben werden.
Blumenkohl	20	54	Die äußeren Blätter sollten entfernt werden.
Broccoli	100	80	Enthält viel Vitamin C, Kalzium und Kalium.
Chicoree	20	23	Hoher Oxalsäureanteil in den äußeren Blättern, diese sind zu entfernen.
Chinakohl	40	30	Enthält Vitamine sowie verschiedene hochwertige Aminosäuren.
Eisbergsalat	19	20	Ist meist stark nitrathaltig.
Endivie	50	60	Enthält viel Kalium, Phosphor, Kalzium und Eisen sowie Vitamin A,B und C, enthält Inulin, dieses wirkt galle- und harntreibend sowie appetit-anregend.
Feldsalat (Rapunzel, Nüssler)	30	49	Meist stark nitratbelastet, aber dafür auch sehr vitamin- und mineralstoffreich.
Fenchelknolle	100	51	Knollen und Grün dürfen verfüttert werden, gut verträglich bei Verdauungsbeschwerden, hoher Mineralstoff- und Vitaminanteil, kann den Urin rötlich verfärben.
Grünkohl/ Braunkohl	210	80	Guter Vitamin- und Mineralstoffspender, gesundes Winterfutter.
Gurke	20	24	Hoher Wasseranteil, kann in großen Menge bei empfindlichen Tieren zu Durchfall führen.
Hagebutte	258	1250	Enthalten viel Vitamin C (258mg/100g), im Krankheitsfall sinnvoll.
Kartoffel	10	45	Enthält im Rohzustand schlecht verdauliche Stärke. Grüne Stellen, Triebe und Pflanzen weisen das giftige Solanin auf. Als Mast- oder Winterfutter gedünstet sinnvoll. Für Zwergkaninchen und Kaninchen, die nicht der Fleischgewinnung dienen, nicht geeignet.
Kohlrabi	70	50	Blätter können mit verfüttert werden.
Kopfsalat	35	30	Enthält wenig Nährstoffe, stark nitrathaltig

Kürbis	25	30	Nur Kürbisse, die für den menschlichen Verzehr geeignet sind, dürfen verfüttert werden, keine Zierkürbisse!
Melonen	10	11	Wassermelone, Galiamelone und Honigmelone dürfen hin und wieder als Leckerchen angeboten werden.
Möhre, Karotte	40	30	Möhrengrün ist stark kalziumhaltig (1940 mg/100 g) Möhren sind kalorienreich und bei Kaninchen meist besonders beliebt.
Pastinake	50	70	Hoher Stärkegehalt, Blätter sind gut bekömmlich.
Paprika	Rot 15 Gelb 51 Grün 10	Rot 35 Gelb 26 Grün 25	Strunk und Grün entfernen, diese enthalten Solanin. Paprika enthalten viel Vitamin C.
Petersilienwurzel	60	60	Hoher Vitamin-C-Gehalt (41mg/100g), hochwertiges Winterfutter
Radieschen	34	26	Die Blätter werden gern gefressen, Radischen sollten nur in sehr kleinen Mengen angeboten werden, sie enthalten Senfölglucoside, welche die Atemwege reizen können.
Romanasalat	36	45	Andere Bezeichnungen: Romanosalat, Lattich, Römersalat, wird in geringen Mengen gut vertragen.
Romanesko	20	54	Wird in geringen Mengen gut vertragen.
Rote Beete, Randen	25	38	Hoher Oxalsäuregehalt. Kot und Urin verfärben sich rot!
Rucola/ Rauke	—	—	Enthält sehr hohe Mengen an Nitrat sowie reizende Senföle, ist ein Kohlgewächs, kein Salat
Sellerie	70	90	Stangen- und Knollensellerie enthalten Vitamin A und K, Natrium und Kalium.
Spargel	22	52	Wirkt stark harntreibend.
Spinat	125	55	Wegen des hohen Oxalsäureanteils nur in geringen Mengen verfüttern
Steckrübe	50	30	Auch Kohlrübe genannt, nahrhaftes und vitaminhaltiges Wintergemüse
Stielmus	210	28	Blätter verschiedener Speiserüben
Steinobst	—	—	Kirsche, Pfirsich, Pflaume, Quitte, Nektarine, Mirabelle etc. enthalten viel Zucker und können in größeren Mengen zusammen mit Wasser zu Durchfall führen. Die „Steine" enthalten Blausäure.
Tomaten	13	25	Tomatenpflanzen und -grün sind giftig. Grüne Stellen sowie grüne Tomaten enthalten das giftige Solanin.
Topinambur	10	78	Knolle, Grün und Blüte sind genießbar.
Zuckermais (Kolben)	5	120	Maisblätter sind frisch und getrocknet ein rohfaserreiches Beifutter. Maiskolben enthalten sehr viel Stärke und sollten daher nur selten verfüttert werden.

— = Es standen keine Informationen zur Verfügung

Alle Angaben sind Durchschnittswerte, da die Nährwertangaben je nach Lagerung, Art (verschiedene Möhrensorten, verschiedene Apfelsorten), Bodenbeschaffenheit und Anbaugebiet stark schwanken

Infos zu den als schädlich angegebenen Inhaltsstoffen

Oxalsäure ist eine weit verbreitete, wasserlösliche, organische Pflanzensäure. Oxalsäure reagiert im Körper mit Kalzium und stört so den Kalziumstoffwechsel. Die lebensnotwendigen Kalziumionen werden in Form von unlöslichem Kalziumoxalat ausgefällt. Das Kalzium kann seine Funktion im Körper somit nicht mehr erfüllen. Kalziumoxalat führt zu Nierensteinen und verstopft als Blasenschlamm die Harnwege. Eine hohe Konzentration an Oxalatsäure im Futter kann also Nierenerkrankungen, Blasensteine und Kalziumstoffwechselstörungen begünstigen.

Solanin ist ein schwer lösliches, toxisches Alkaloid der Nachtschattengewächse (Solanaceae). Es ist z. B. in den grünen Stellen von Kartoffelknollen und in grünen Tomaten zu finden. Folgen zu hoher Solaninkonzentration im Futter sind u. a.: Magenbeschwerden, Darmentzündungen, Nierenreizungen bzw. Entzündungen, Durchfall und in schlimmen Fällen eine Auflösung der roten Blutkörperchen, Störungen der Kreislauf- und Atemtätigkeit sowie Schädigungen des zentralen Nervensystems.

Vorsicht!
Pflanzen mit hohem Oxalsäuregehalt können an gesunde Kaninchen nur in geringen Mengen verfüttert werden. Von einer dauerhaften Fütterung ist abzuraten. Kaninchen mit Nierenschädigung müssen auf diese Futtermittel verzichten.

Nitrat ist eine Verbindung aus den Elementen Stickstoff und Sauerstoff. Pflanzen benötigen den Stickstoff des Nitrates zum Aufbau von Eiweiß. Nitrat selber ist nicht giftig, es ist aber die Vorstufe des gesundheitsschädigenden Nitrits. Im Körper wird das Nitrat von Mikroorganismen zu Nitrit reduziert. Nitrit ist giftig. Zeichen einer Nitritvergiftung sind: Speicheln, Durchfall, Muskelzittern, Schwäche, Taumeln. In geringen Mengen ist ein Verzehr nitrathaltiger Nahrungsmittel unbedenklich. Jedoch sollten stark belastete Futtersorten wie z. B. Kopfsalat, Endivie, Feldsalat, Spinat, Stielmangold, Rote Beete etc. nicht als Hauptfutter eingesetzt werden.

Unverträgliches

Nicht alle hier aufgeführten Futtermittel sind giftig, einige führen bei übermäßiger Aufnahme zu gesundheitlichen Problemen, andere sind auch in kleinen Mengen schwer verträglich:
Gemüse: Zwiebelgewächse wie Speisezwiebeln, Porree, Zwiebeln, Schnittlauch können in großen Mengen zu Aufgasung führen und werden wegen ihrer Schärfe meist ohnehin abgelehnt. Hülsenfrüchte (Linsen, Erbsen, Bohnen) können roh zu

Obst sollte ein seltenes Leckerchen bleiben. Foto: A. Zenker

Blähungen führen, Bohnen sind roh giftig, frische Süßerbsenschoten werden vertragen. Rettich und Radieschen enthalten Senfölglucoside, die die Atemwege reizen könnten. Rhabarber enthält sehr viel Oxalsäure und wird als schwach giftig eingestuft.

Trockenfutter/Pellets/ Mastfutter

Ausgewachsene, kleine bis mittelgroße und abwechslungsreich ernährte Kaninchen in Wohnungshaltung ohne Zuchteinsatz benötigen kein Trocken- oder Fertigfutter! Trockenfutter jeglicher Art ist als Energie- oder Kraftfutter zu betrachten. Die meisten im Handel erhältlichen Trockenfuttersorten für Heimtiere enthalten zu viel Fett, Stärke, Zucker und sind oft schwer verdaulich. Ich rate grundsätzlich von solchen Futtermischun-

Achtung!
Exotische Früchte wie Papaya, Cherimoya, Curuba, Granatapfel, Guaven, Physalis, Kumquat, Litchi, Mangos, Papaya etc. können bei Verzehr zu schweren Verdauungsstörungen führen und sollten nicht gegeben werden. Manche Avocadosorten sind sogar giftig für Kaninchen, und alle Avocadosorten führen in unreifem Zustand zu Durchfall.

gen ab. Kaninchen in Winteraußenhaltung sowie Zuchttiere benötigen mitunter mehr Energie und Protein. Ein kaltgepresstes Einpelletfutter als Grundlage ist hier vorzuziehen. Die Inhaltsstoffe eines Futters sollten grundsätzlich klar deklariert sein. Es dürfen sich keine Konservierungsstoffe, kein Zucker, keine Melasse, wenig Getreide sowie keine Farbstoffe im Futter befinden. Das Futter muss in erster Linie aus Gräsern und Kräutern bestehen. Dieses Einpelletfutter kann mit Getreideflocken und getrocknetem Gemüse in kleinen Mengen angereichert werden.

Was nicht in ein gutes Trockenfutter gehört:

• Getreidekörner: Weizen, Rogen und Gerste enthalten zu viel schlecht verdauliche Stärke. Stärke/Mehrfachzucker wird nur unzureichend in Einfachzucker aufgespalten und so als Energielieferant aufgenommen, ein Teil der Stärke gelangt unaufgeschlossen in den Dickdarm und dient dort Coli-Bakterien als Nahrung. Der pH-Wert des Darmes sinkt durch zu stärkehaltige Fütterung ab (von 7–8 auf 4–5), „positive" Darmbakterien sterben ab, „negative" Bakterien wie E. coli finden einen idealen Nährboden. Getreideflocken (nur Hafer- und Gerstenflocken) hingegen werden gut vertragen. Durch den Herstellungsprozess (Erhitzen und Quetschen) wird die Stärke darin aufgeschlossen. Aber auch Flocken dürfen nur in geringen Mengen gegeben werden, sie machen zu satt und führen in größeren Mengen zu Übergewicht.

Wichtig: Es ist nötig, Menge und Art des Trockenfutters sehr genau den Lebensumständen der Kaninchen anzupassen. Grundsätzlich kann aber gesagt werden: Mehr als einen Teelöffel Pellets pro Kilogramm Körpergewicht braucht kein Kaninchen.

• Melasse, Zucker, Honig, tierische Nebenerzeugnisse, Milch, Eier und anderes tierische Eiweiß, Nüsse und Kerne gehören nicht zum natürlichen Futterspektrum von Kaninchen. Sie sorgen für Übergewicht und machen zu schnell satt, tierische Bestandteile sind für reine Pflanzenfresser wie Kaninchen nur schwer zu verdauen.

• Pellets aus Gemüse/Obst bestehen aus Trester. Es handelt sich um Reste der Saftherstellung. Diese Pellets enthalten viel Stärke, Zweifach- und Einfachzucker und kaum noch Vitamine und Mineralien. Sie quellen oft im Magen auf, machen die Tiere zu satt und sorgen durch den hohen Kohlenhydratanteil für Übergewicht.

• Getrocknetes Gemüse quillt im Magen der Tiere sehr stark auf und kann die Magenwände belasten. Bei Überfütterung kann es sogar zu einer gefährlichen Magenüberladung oder Verstopfung kommen. Wird nicht gleichzeitig viel Heu und Wasser aufgenommen, kommt es zur Verstopfung. Trockengemüse kann als Leckerchen selten gegeben werden.

Tragende, kranke Kaninchen, Kaninchen in Winteraußenhaltung oder bestimmte Rassen (z. B. Deutsche Riesen, Angorakaninchen etc.) sollten oder müssen sogar

Zusatzfutter bekommen, um ihr Gewicht zu halten und optimal versorgt zu sein. Geeignet sind in diesen Fällen nur spezielle Pellets für Mastkaninchen (ohne Menadion/Vitamin K$_3$). Eine allgemein gültige Mengenangabe kann nicht gemacht werden. Der Bedarf der Kaninchen richtet sich nach Größe, Rasse, Haltungsbedingungen, Alter, Zuchteinsatz etc. Jeder Halter solcher besonderen Rassen muss sich bei seinem Züchter oder der entsprechenden Vermittlungsstelle sowie über Fachliteratur sehr genau über die Bedürfnisse dieser Tiere informieren.

Wussten Sie eigentlich ...?

Eine durchgehende Versorgung mit ungeeignetem Trockenfutter führt zu einer verminderten Heuaufnahme. Somit ist ein ausreichender Backenzahnabrieb nicht mehr gewährleistet. Bei wirklich gesunden, jungen Kaninchen führt das meist noch nicht zu Problemen, aber bei Tieren mit angeborener Zahnfehlstellung oder alten Kaninchen kommt es schnell zu Zahnspitzen an den Backenzähnen. Der Abrieb der Backenzähne ist nur durch gleichmäßiges Zermahlen von Heu oder Gras gegeben, das Kauen von harten Pellets und Getreide hingegen nutzt die Zähne kaum ab und reizt die Muskulatur, die auf diese Art der Maulbewegung nicht eingestellt ist.

Negative Folgen ungeeigneten Fertigfutters

Oft wird Übergewicht als direkte Folge der Gabe von Trockenfutter genannt. Richtig ist allerdings lediglich, dass die meisten Kaninchen bei einer Überfütterung mit Trockenfutter, verbunden mit Bewegungsmangel, übergewichtig werden. Kaninchen, die sich viel bewegen, bauen das überschüssige Fett im Futter schnell wieder ab und werden nur selten äußerlich sichtbar übergewichtig. Allerdings führen übermäßige Trockenfuttergaben nicht selten zu einer Fettleber. Dies ist äußerlich natürlich nicht sichtbar, verursacht aber gerade bei Weibchen in der Zucht häufig den Tod der Kaninchen.

Ein weitaus häufigeres Problem sind Darmerkrankungen. Solange ein Kaninchen gesund ist und

Eine grüne Wiese ist gesünder als jedes Trockenfutter.
Foto. S. Wilde

überwiegend artgerecht ernährt wird, ist der Darm in der Lage, sich zu regulieren und auch die Stärke- und Zuckermengen in schlechtem Trockenfutter zu verdauen. Wenn aber das Immunsystem der Tiere gestört ist, z. B. durch eine leichte Erkrankung der Atemwege, dann nehmen Coli-Bakterien überhand, die Darmflora gerät ins Ungleichgewicht, und die Tiere bekommen Durchfall oder Blähungen. Durch die großen Mengen zu klein gemahlener Rohfaser in handelsüblichen Pellets verkürzt sich zudem die Darmpassage, und Nährstoffe werden nicht mehr ausreichend aufgenommen.

Zweige

Zweige sind ein gesundes Beschäftigungsfutter für Kaninchen. Die Rinde enthält viele Mineralstoffe und sekundäre Pflanzenstoffe. Beim Zernagen der Rinde

Frische Zweige sind gesund und dienen der Beschäftigung. Foto: A. Zenker

und der Zweige wird das Zahnfleisch der Kaninchen massiert und somit die Durchblutung des Zahnfleisches angeregt, die Schneidezähne werden so gefestigt und wachsen besser. Blätter und Blüten sollten mit verfüttert werden. Zweige der folgenden Sträucher und Bäume sind gut geeignet: Apfel, Haselnuss, Birne, Birken, Erle, Weide, Johannisbeere, Heidelbeere. Steinobstbäume sind umstritten, es gibt die Vermutung, dass sie in ihren Blättern und Rinden Amygdalin enthalten, das durch enzymatische Aufspaltung zu Blausäure zerfällt. Allerdings wurde dieser Stoff bisher nur in den Blättern von Pfirsichbäumen und in den Kernen der Früchte nachgewiesen. Deshalb können Zweige von Kirsche, Pflaume und Mirabelle wohl bedenkenlos angeboten werden. Kaninchen haben auch mit echten

Tannen wie z. B. Rottanne, Weißtanne und Edeltanne keine Probleme. Aber Vorsicht: Weihnachtsbäume sind oft gespritzt und giftig. Ungeeignet/giftig sind u. a. auch Thuja, Robinie, Holunder und Eibe.

Brot?

Altes, hartes Brot dient nicht der Abnutzung der Zähne. Auch wenn dem Halter das Brot hart vorkommt, für die Schneidezähne eines Kaninchens ist es keine Herausforderung. Zu den Backenzähnen gelangt das Brot nur noch als aufgeweichter Stärkebrei, es nutzt also auch dem Backenzahnabrieb nicht. Brot enthält zu viel Stärke und oft auch Konservierungsstoffe, Backtriebmittel und Salz, somit ist es für Kaninchen schwer verdaulich. Außerdem finden sich auf altem Brot oft Schimmelsporen (unsichtbar für das menschliche Auge). Brot sorgt bei übermäßiger Fütterung für Übergewicht. Es sollte deshalb nicht verfüttert werden.

Futterzusätze

Salzlecksteine sind überflüssig und mitunter sogar gesundheitsschädlich. Ein gesund ernährtes Kaninchen bekommt seine Salze und Mineralstoffe über das Futter (Grünfutter!), es benötigt kein konzentriertes Kochsalz. Salzlecksteine sind mitunter sogar gefährlich: Wenn das Kaninchen zu viel daran leckt oder sie annagt, kann es zu einer Überversorgung mit Natriumchlorid kommen, eine Folge wären starke Nierenprobleme. Sollte ein Stein ganz verzehrt werden, kann dies schlimmstenfalls zu Nierenversagen und somit zum Tod des Tieres führen. Wenn Kaninchen nur sehr selten am Stein lecken, ist dieser meist ungefährlich. Benötigt wird ein Stein bei einer abwechslungsreichen Ernährung aber nicht, und daher sollte darauf verzichtet werden.

Tipp! Um essenzielle Fettsäuren wie Omega-6-Fettsäuren und Omega-3-Fettsäuren zuzuführen, sind geschälte Sonnenblumenkerne oder Kräutersamen (z. B. Fenchel, Leinsamen, Löwenzahn) gut geeignet. Pro Kilogramm Körpergewicht reicht ein gehäufter Teelöffel pro Woche.

Kalksteine bestehen zum größten Teil aus Kalzium. Nagen die Tiere zu häufig daran (meist aus Langeweile), führt das zu einer zu hohen Kalziumresorption (Kalzium/ Phosphorungleichgewicht) was Harnsteinbildung und Organverkalkung herbeiführen kann. Grünfutter enthält im Normalfall mehr als genug Kalzium, um Kaninchen damit ausreichend zu versorgen.

Eine zusätzliche Vitamingabe ist nur im Krankheitsfall nach Absprache mit dem Tierarzt nötig. Vitamine, die über das Wasser gegeben werden, sind schlecht zu dosieren und können durch Überdosierung Erkrankungen begünstigen. Gut ernährte und gesunde Kaninchen sind ausreichend mit Vitaminen versorgt.

Wasser

Natürlich müssen Kaninchen immer frisches Wasser zur Verfügung haben. Wildkaninchen nehmen viel Feuchtigkeit über ihre Nahrung und über den Morgentau auf. Auch wenn unsere Heimtiere einen großen Teil ihres Wasserbedarfs über das Frischfutter decken und wenig trinken, kann es durchaus sein, dass sie bei warmem Wetter oder aufgrund der Heizungsluft bei Innenhaltung mehr Flüssigkeit benötigen und vermehrt trinken müssen. Wird ihnen dann Wasser vorenthalten, kann es zur lebensbedrohlichen Austrocknung kommen. Leitungswasser ist zumindest in Deutschland das am besten überwachte Lebensmittel. Solange das Wasser weich bis mittelhart ist, enthält es auch nicht zu viel Kalk und kann bedenkenlos gegeben werden. Wenn das Leitungswasser eine schlechte Qualität hat (hartes Wasser, oder das Wasser ist durch alte Wasserleitungen im Haus verunreinigt), kann es sinnvoll sein, auf stilles, nitratarmes Mineralwasser zurückzugreifen.

Gesunde Leckerchen sind: frisches Gemüse, Kräuter, Blüten; selten auch getrocknetes Gemüse, Obst (frisch und getrocknet), Erbsenflocken und Getreideflocken.

Was nicht zu einer tiergerechten Ernährung gehört

Wie uns das Futterspektrum der Wildkaninchen deutlich zeigt, ernähren sich Kaninchen eher karg, Getreide steht nur im Herbst auf dem Speiseplan. Zucker und Honig sowie Milchprodukte werden gar nicht aufgenommen und haben deshalb nichts auf der Liste der Futtermittel verloren. Die meisten Leckerli, die im Fachhandel angeboten werden, sind deshalb ungeeignet. Knabberstangen, Haferkissen, Ringe und ähnliche Knabbereien enthalten häufig Zucker (Mehrfachzucker, Melasse, Melasseschnitzel etc.), Honig, Getreide oder Mais. Diese stärke- und zuckerhaltigen Inhaltsstoffe sorgen für eine Absenkung des pH-Wertes in der Darmflora und somit zu einer nachhaltigen Schädigung des Darmes. Jogurt-

Kleine Gemüsestückchen bieten Abwechslung.
Foto: A. Zenker

drops und andere Milchprodukte sind für Kaninchen ebenfalls nicht geeignet, Kaninchen sind reine Pflanzenfresser, und ihre Verdauung ist nicht auf tierisches Eiweiß ausgelegt.

Beispielfutterplan

So könnte die gesunde Herbst/Winter-Ernährung für ein Zwergkaninchen in Wohnungshaltung aussehen. Diese Angaben müssen natürlich entsprechend der Anzahl der vorhandenen Kaninchen multipliziert werden.

täglich	Heu und Wasser müssen immer zur Verfügung stehen.		
wöchentlich	frische Zweige (mit frischen oder getrockneten Blättern/Nadeln)		
	morgens	**mittags**	**abends**
Montag	1 St. Fenchel, 1 Möhre	4 cm Gurke, 1/8 Apfel	4 Blätter Chicoree, 1 Möhre
Dienstag	1 Möhre, Topinamburblätter	10 cm Stangensellerie, 1 Brokkoliröschen	1/8 Apfel, 1 Möhre
Mittwoch	1 St. Fenchel, 1 Möhre	1 Möhre, 1 Salatblatt	1/8 Apfel, 1 Blatt Eisbergsalat
Donnerstag	1 Möhre, 4 cm Gurke	1 St. Fenchel, 1/4 Rote Beete	1 Möhre, 1 Blatt Endiviensalat
Freitag	1/4 Rote Beete, 1 Möhre	1 Möhre, 1 Salatblatt	4 cm Gurke, 1 Brokkoliröschen
Samstag	1/8 Kohlrabi, 1 Möhre	1/4 Apfel, 1 St. Fenchel	1 Möhre, 1/4 Tomate
Sonntag	1 Möhre, 1/8 Pastinake	1 Möhre, 4 cm Gurke	1 St. Fenchel, 1 St. Petersilienwurzel

Es gibt viele Variationsmöglichkeiten in der Kaninchenernährung. Deshalb muss dieser Futterplan natürlich hinsichtlich der Frischfuttersorten den Möglichkeiten des Halters sowie den Früchten und dem Gemüse der Saison angepasst werden. Im Sommer ist es durchaus möglich, zwei der Fütterungen mit Gras und Grünfutter wie Löwenzahn, Schafgarbe, Johannisbeerblättern und anderen frischen Kräutern, Blüten und Blättern aus dem Garten zu gestalten. Dann wird nur am Abend etwas Gemüse gereicht. Bei Kaninchen in Sommeraußenhaltung auf der Wiese reicht es natürlich aus, einmal am Tag Gemüse zu geben.

Wichtig: Kaninchen reagieren sehr empfindlich auf eine Futterumstellung. Ihr Verdauungstrakt wird durch schnellen Futterwechsel oder unbekanntes, ungewohntes Futter schnell überfordert. Deshalb müssen die Tiere langsam an neue Futtermittel gewöhnt werden. Der Wechsel auf ein anderes Trockenfutter oder eine trockenfutterfreie Ernährung muss langsam vollzogen werden. Innerhalb von 4–6 Wochen wird das gewohnte Trockenfutter auf null reduziert. Kaninchen, die nur im Sommer auf die Wiese dürfen, sollten im Frühjahr vorher langsam an das frische Grün gewöhnt werden.

Gesunderhaltung

Ein krankes Kaninchen zeigt seine Krankheit nicht deutlich an. Es kommt weiterhin zum Futternapf und versucht am „gesellschaftlichen" Leben im Rudel teilzunehmen. Dies sind normale Verhaltensweisen, das Tier muss fressen um am Leben zu bleiben und das Rudel bietet ihm Schutz. Deshalb bleiben Krankheiten vor dem Halter meist längere Zeit verborgen. Aber dennoch sind auch zu Beginn einer Krankheit immer Anzeichen vorhanden. Es ist besonders wichtig, dass Kaninchenhalter von Anfang an lernen, auf jede Besonderheit im Verhalten ihrer Heimtiere zu achten und jedes Krankheitszeichen ernst zu nehmen.

Vorsicht!
Liegt das Kaninchen erst einmal auf der Seite, und hat es seit mehr als einem Tag keine Nahrung mehr zu sich genommen, ist es für eine erfolgreiche Behandlung der Krankheit meist schon zu spät.

Täglich muss der Halter auf Folgendes achten:
- Kommen alle Kaninchen zur Fütterung?
- Wird das angebotene Futter in der normalen Geschwindigkeit gefressen?
- Sind alle Kaninchen munter und an ihrer Umgebung interessiert?
- Laufen, springen und bewegen sich die Kaninchen normal?
- Benehmen sich die Kaninchen auch ihren Artgenossen gegenüber normal, gibt es keine Veränderungen in der Rangordnung, sind die Tiere nicht aggressiver als sonst?
- Fallen andere Besonderheiten auf?

Gesundes Kaninchen mit glänzenden Augen Foto: K. Aretz

Gesundheits-Check

Um Krankheiten rechtzeitig zu erkennen, müssen Kaninchen jede Woche gründlich untersucht werden, Heimtierhalter nennen diese regelmäßige Untersuchung gern den „Kaninchen-TÜV".

Jedes Kaninchen wird dazu einzeln aus dem Gehege genommen und von der Nase bis zum Schwanz (Blume) durchgecheckt:

- Gewichtskontrolle: Jedes Kaninchen wird regelmäßig gewogen – eine Krankheit ist meist zuerst am Gewichtsverlust zu erkennen. Hält das Kaninchen in der Waage nicht still, dann kann eine Transportbox zur Hilfe genommen werden. Zuerst wird die Box gewogen, dann das Kaninchen in der Box, anschließend wird das Gewicht der Box vom Gesamtgewicht abgezogen.
- Die Ohren müssen von innen und außen gründlich kontrolliert werden. Anschließend wird in das Mäulchen geschaut, die Scharte wird nach Verletzungen abgesucht, die Zähne werden auf ihren graden Wuchs kontrolliert, Futterreste zwischen den Vorderzähnen werden dabei entfernt. Ein Blick von oben auf die Kaninchenaugen zeigt dann, ob beide Augen die gleiche Größe haben; steht ein Auge mehr heraus oder wirkt es eingefallen, kann dies auf eine Verletzung, einen Abszess oder Tumor hinweisen. Trübe Augen deuten ebenfalls auf Krankheiten hin.
- Anschließend wird das Kaninchen gründlich nach Verdickungen unter der Haut und Tumoren abgetastet.
- Das Fell des Kaninchens wird auf kahle Stellen, Verletzungen und anderen Auffälligkeiten hin überprüft.
- After und Geschlechtsbereich werden nach verklebten Stellen und Hautreizungen geprüft.
- Die Krallen werden ggf. gekürzt, die Hinterläufe auf Wunden hin untersucht.

Wenn Krankheitszeichen auffallen, ist unverzüglich ein Tierarzt aufzusuchen! Damit darf nicht gewartet werden, bis der Halter „mal Zeit und Lust" hat. Abwarten kann bei jeder Krankheit schnell zum Tod des Tieres führen. In vielen Fällen ist dem Halter der Ernst der Lage nicht bewusst – kein Mensch geht wegen eines Schnupfens oder Durchfalls gleich zum Arzt, denn ein Mensch übersteht so eine Krankheit meist schnell und unbeschadet. Aber bei Kaninchen verhält es sich ganz anders. Durchfall kann innerhalb von 48 Stunden zum Tod des Tieres durch Austrocknung führen, ein leichter Schnupfen wird schnell zur tödlichen Lungenentzündung, und sogar ein Parasitenbefall kann das Kaninchen so sehr schwächen, dass es daran stirbt.

Krankheitszeichen und ihre Bedeutung

Bei allen nachfolgenden Anzeichen einer Krankheit ist unverzüglich ein Tierarzt aufzusuchen!

Gewichtsverlust	Deutlicher Gewichtsverlust weist häufig auf eine Krankheit hin. Gewichtsschwankungen um 50 g pro Woche sind normal (je nach Größe des Tieres auch mehr). Sollte das Tier aber über einen langen Zeitraum abnehmen oder in kürzerer Zeit (innerhalb 1–2 Tagen) massiv Gewicht verlieren, deutet dies auf Infektionen, Parasitenbefall, Nieren-/Blasenerkrankungen u. Ä. oder großen Stress hin.
Kahle oder schorfige Stellen im Fell, Vermehrtes Kratzen	Kahle und schorfige Stellen weisen auf Parasiten- oder Pilzbefall hin. Steht das Fell gesträubt ab, ist es stumpf und glanzlos, dann ist das ebenfalls ein Hinweis auf eine Krankheit (oder hohes Alter). Ein gesundes Kaninchen hat ein dichtes, glänzendes Fell. Zweimal im Jahr wechseln Kaninchen ihr Fell, vom Sommer- zum Winterfell und zurück. Dann haaren sie sehr stark und können auch teilweise dünnes Fell haben – es kommt dabei aber normalerweise nicht zu kahlen Stellen!
Veränderte Augen	Verklebte, verschlossene, trübe, graue, verdickte oder anderweitig veränderte Augen sind Krankheitszeichen. Es können eine Bindehautentzündung, eine Verletzung der Augen, Zahnprobleme, Diabetes oder Encephalitozoon cuniculi vorliegen.
Vorderzahn abgebrochen, schief Mundumgebung feucht, angesabbert, kahle Stellen	Die Zähne müssen so zueinander stehen, dass sie sich gut abnutzen können, sie dürfen nicht zu den Seiten wegstehen, die Vorderzähne müssen gleich lang sein. Sabbert das Kaninchen sehr stark, kann das ein Hinweis auf beginnende Backenzahnprobleme sein. Starkes Sabbern ist auch ein Symptom bei Pilzbefall im Mund, Schmerzen, Stress oder Hitzeschlag.
Schorf zwischen den Lippen, auf der Nase	Lippengrind entsteht mitunter durch einen Mangel an Fettsäuren, selten durch Vitaminmangel. In der empfindlichen Haut am Maul kommt es zu kleinsten Verletzungen, und darin setzen sich Viren, Bakterien, Pilze und auch Parasiten ab.
Nase verklebt oder feucht, das Tier niest; starke Flankenatmung, Aktivitätsverlust	Dies sind deutliche Hinweise auf eine Erkrankung der Atemwege. Schon eines dieser Symptome kann auf Lungenprobleme oder Schnupfen hindeuten. Sie können allerdings auch Zeichen von starkem Stress, falscher Einstreu (Allergie) oder Infektionskrankheiten sein.
Ohren schuppig, verklebt	Von innen verklebte Ohren weisen auf eine Infektion im Innenohr hin, eine starke Infektion führt auch dazu, dass die Kaninchen ihren Kopf schief halten. Schuppige, rote oder schorfige Ohren deuten auf einen Parasiten- oder Pilzbefall hin.
After schmutzig und verklebt; Kötel weich und matschig, Köttelketten	Wenn der After verschmutzt und verklebt ist, weist dies auf Darmprobleme hin. Beim Fellwechsel kann es zu Darmproblemen kommen, die Kaninchen scheiden Köttelketten, zu große Köttel oder keine Köttel mehr aus (Verstopfung).
Durchfall, flüssiger Kot	Massiver Durchfall weist auf eine Infektion mit Coli-Baktieren, Yersinien, Kokzidien oder Spulwürmern hin.
Bauch hart, rund, angespannt; starke Flankenatmung, Inaktivität	Ein angespannter Bauch, Fressunlust, aufgeplustertes und angespanntes Sitzen, Inaktivität weisen auf starke Fehlgärung im Darm oder auf eine massive Verstopfung hin.

Ausfluss aus der Scheide	Übel riechender (evtl. eitriger) Ausfluss aus der Scheide, mitunter mit einer verschmierten und schmutzigen Analregion, häufig in Verbindung mit Aktivitätsverlust, Futterverweigerung und Druckempfindlichkeit am Bauch, ist ein Zeichen für eine Gebärmutterentzündung.
Blut im Urin, Quieken/Schmerzen beim Wasserlassen	Blut im Urin, Schmerzen beim Wasserlassen, Quieken und ein krummer Rücken beim Urinieren, ständig feuchter Afterbereich, stark übel riechender Urin sind Zeichen für eine Blasenerkrankung oder auch einen Blasenstein. Besonderheit: Der Urin bei gesunden Kaninchen kann von hellgelb bis dunkelorange gefärbt sein. Manche Futtermittel (Möhren, Fenchel, Rote Beete, Löwenzahn etc.) färben den Urin stark ein, diese Verfärbungen sind unbedenklich.
Verdickungen unter der Haut, tastbare, feste Veränderungen	Verdickungen unter der Haut können unterschiedliche Gründe haben: eitrige Entzündung (Abszesse), krankhaft verändertes Gewebe (Tumoren) oder Blutergüsse (Hämatome).
Aktivitätsverlust mit Seitenlage und starker Flankenatmung, Futterverweigerung	Allgemeine Zeichen für eine schwere Erkrankung/Infektion. Im Sommer kann so ein Verhalten auch auf einen Hitzeschlag hinweisen.
Hinterläufe mit Fellverlust, wund, verletzt, verschorft	Vor allem Kaninchen, die viel auf Kunstteppich oder auf zu harter Einstreu laufen oder deren Gehege zu selten gereinigt wird und die deshalb in ihrem eigenen Urin sitzen, bekommen an den Hinterläufen mitunter wunde Stellen oder gar offene Wunden.
Hinken, Umfallen, Kopfschiefhaltung, Orientierungslosigkeit	Kann das Kaninchen nicht mehr richtig laufen, können Knochenbrüche, Verstauchungen, Arthrosen, Wirbelsäulenveränderungen etc. die Ursache sein. Hält es den Kopf schief und wirkt es orientierungslos, sind dies Anzeichen einer Mittelohrentzündung oder einer Erkrankung mit *E. cuniculi*.
Unruhe, starker Nestbautrieb	Ist ein Kaninchenweibchen unruhig und baut intensiv ein Nest, rupft sich Bauchfell aus und greift ihre Kaninchenpartner oder auch Menschen an, dann könnte es scheinträchtig sein. (s. „Zucht/Scheinträchtigkeit")

Mutterlose Jungtiere werden vorsichtig aufgepäppelt. Foto: C. Jacob

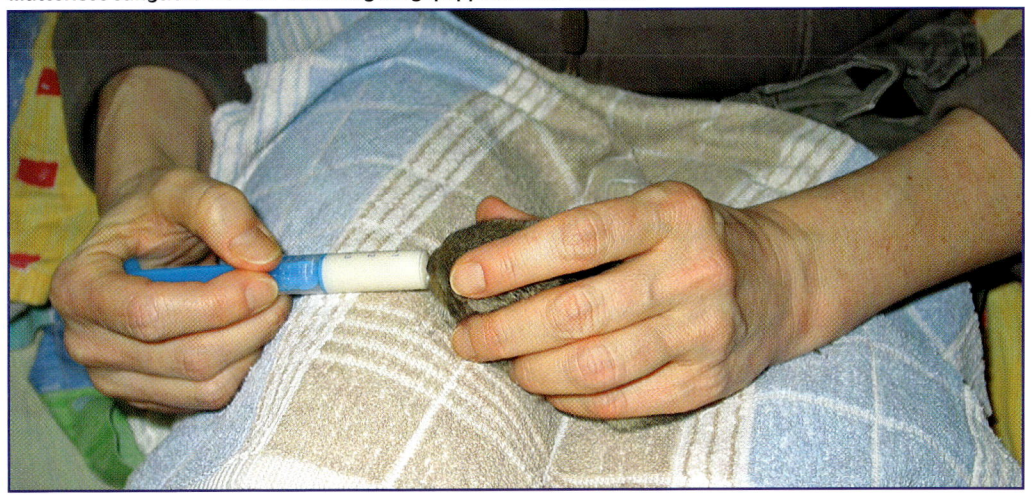

Negative Faktoren

Die meisten Krankheiten brechen nur aus, wenn mehrere Faktoren zusammenkommen – folgende Faktoren begünstigen verschiedene Krankheiten:

- Starker Stress: Evtl. passt die Gruppe nicht zusammen, oder es gab Rangordnungskämpfe bei einer Vergesellschaftung. Jungtiere kurz vor der Geschlechtsreife haben häufig Stress, ebenso wie Kaninchen, die von ihren Besitzern zu häufig hochgenommen oder von Kindern allzu wild „bespielt" werden. Stress gibt es auch, wenn das Gehege an einem unruhigen Ort steht.
- Unsauberkeit: In einem zu selten gereinigten oder feuchten Gehege kommt es natürlich vermehrt zu Krankheiten.
- Übertriebene Sauberkeit: In einem zu häufig desinfizierten und täglich gründlich gereinigten Gehege können die Tiere keine Abwehrkräfte bilden, das Immunsystem erlahmt.
- Falsche Käfigeinrichtung/falscher Käfig: In kleinen Plastikhäuschen und kleinen Gehegen, womöglich noch mit Plastikabdeckung, herrscht ein feuchtwarmes Klima, in dem sich Bakterien stark vermehren. Kaninchen sollten immer ein großzügiges Gehege mit guter Belüftung bewohnen.
- Durchzug: Steht das Gehege direkt am Fenster oder einer offenen Tür, können sich die Kaninchen erkälten. Gleiches gilt, wenn ein Außengehege nicht ausreichend gegen Wind gesichert ist. Auch wenn Kaninchen im Winter keine geschlossenen Unterschlüpfe vorfinden und stark auskühlen, kann das zu Krankheiten führen.
- Trockene Heizungsluft kann die Atemwege reizen.
- Feuchtigkeit kann auch in Außenhaltung Krankheiten begünstigen. Vor allem in schlecht belüfteten Schutzhäusern bildet sich Kondenswasser an den Wänden, und diese Feuchtigkeit sorgt für Erkältungskrankheiten und Pilzbefall.
- Direkte Sonneneinstrahlung oder stark aufgeheizte Räume können im Sommer zu Hitzschlag führen.
- Ungesunde Ernährung: Bei falscher Ernährung sind die Abwehrkräfte der Tiere häufig durch Vitamin- und Mineralstoffmangel geschwächt. Auch schneller Futterwechsel kann zu Krankheiten führen. Feuchtes Gemüse, Grünfutter oder ungewohntes bzw. ungeeignetes Futter in größeren Mengen können Darmprobleme auslösen.
- Krankheiten: Bei bestehenden anderen Krankheiten stehen die Tiere unter Stress, und das Immunsystem ist geschwächt, es kommt zu so genannten Sekundärinfektionen.
- Nichteinhaltung der Quarantäne: Kaninchen können sich bei infizierten neu hinzugekommenen Rudelmitgliedern anstecken.

Regeln für den Tierarztbesuch

Kaninchen dürfen nur in einer geeigneten Box und unter Berücksichtigung der entsprechenden Vorsichtsmaßnahmen (s. „Vor der Anschaffung"/„Transport") zum Tierarzt transportiert werden. Meist sind Halter verständlicherweise sehr nervös, wenn sie mit ihrem kranken Tier zu einem Tierarzt müssen. So kommt es nicht selten vor, dass wichtige Dinge vergessen werden. Beobachtungen, die gemacht wurden, kommen nicht zur Sprache, oder Routineaufgaben wie Krallenschneiden werden vergessen, weil man sich zu sehr auf eine bestimmte Krankheit konzentrierte. Darum ist es sinnvoll, vor dem Tierarztbesuch einen Zettel mit den wichtigsten Fragen und Infos zusammenzustellen. Folgende Informationen sollten auf diesem Zettel notiert werden:

> **Wichtig:** Die verschiedenen erwähnten negativen Faktoren gelten für alle Krankheiten und müssen immer, wenn eine Krankheit auftritt, neu überprüft werden.

- Alter des erkrankten Kaninchens
- Aktuelles Gewicht des Kaninchens und Gewichtsverlauf der letzten Tage/ Wochen
- Andere Erkrankungen, die vorangegangen sind
- Beobachtungen, die zum Tierarztbesuch führten (auffälliges Verhalten, Krankheitszeichen etc.)
- Medikamente, die das Tier bekommt oder bekommen hat
- Eigene Medikations- und Heilungsversuche. Es ist sehr wichtig, nichts zu verschweigen, was selber unternommen wurde!

> **Wichtig**
> Erst wenn der Halter selber ganz genau weiß, woran sein Kaninchen leidet, wie es behandelt wird und was er selber dazu beitragen kann, damit das Tier wieder gesund wird, sollte er die Praxis verlassen.

Nach der Untersuchung müssen die Diagnose und das weitere Vorgehen notiert werden. Das ist besonders wichtig, da es vorkommen kann, dass sich der Gesundheitszustand des Kaninchens verschlechtert und ein tierärztlicher Notdienst aufgesucht werden muss. Dieser sollte genau erfahren, welche Behandlungen statt gefunden haben und welche Medikamente verabreicht wurden. Ebenso hilft es dem Halter die Behandlung richtig durchzuführen, wenn er zu Hause noch einmal in Ruhe alles nachlesen kann. Es ist also sinnvoll, mitzuschreiben oder den Tierarzt zu bitten, folgende Informationen zu notieren:

Gründliche Untersuchung durch einen Tierarzt Foto: K. Hocke

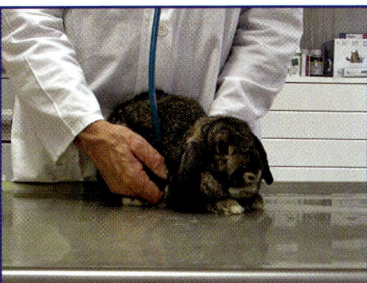

- Diagnose: Woran genau leidet das Kaninchen? Falls die fachlichen Ausführungen des Tierarztes nicht auf Anhieb verstanden werden, ist es wichtig nachzufragen

und sich alles genau erklären zu lassen! Tierärzte neigen mitunter dazu, alles sehr fachlich zu schildern und vergessen dabei, dass vor ihnen kein Experte steht – es muss einem dann nicht peinlich sein, noch einmal nachzufragen.

- Behandlung und Medikation: Die Namen der verordneten Medikamente sowie deren Verabreichung sollten genau aufgeschrieben werden. Ebenso muss notiert werden, welche Nebenwirkungen die Medikamente haben können.
- Wenn Spritzen verabreicht wurden, ist es wichtig, den Medikamentennamen und die Wirkstoffe zu notieren.
- Auf jeden Fall sollte nach weiteren Pflegemaßnahmen gefragt werden. Muss das Kaninchen zwangsernährt werden, sind Verbände zu wechseln, sind andere Maßnahmen zu ergreifen?
- Sind weitere Tierarztbesuche nötig? Am besten sollte bei Bedarf gleich ein neuer Termin vereinbart werden.
- Sehr wichtig ist auch das Wissen darum, wann mit einer Besserung der Krankheit zu rechnen ist, wie die Krankheit weiter verlaufen wird, wie die Heilungschancen stehen.
- Wenn Proben und Kulturen genommen werden, sollte geklärt werden, wann die Ergebnisse vorliegen und wann danach gefragt werden kann.

Pflegerische Maßnahmen

Medikamentengabe

Medikamente werden immer nur von einem Tierarzt verordnet. Eigenmedikation, egal womit, ist abzulehnen. Auch die hier im Buch erwähnten Medikamente sind ausnahmslos beim Veterinär zu beziehen und dürfen nur nach ärztlicher Anweisung verabreicht werden!

Bekommen Halter vom Tierarzt Tabletten oder Salben, Pülverchen oder Lösungen, mit denen die Kaninchen behandelt werden sollen, stellt sich natürlich die Frage nach der korrekten Verabreichung. In den seltensten Fällen schmeckt den Kaninchen ein Medikament so gut, dass sie es gerne und freiwillig einnehmen. Es gibt aber zum Glück ein paar Tricks, die angewendet werden können, um den Tieren auch schlecht schmeckende Arzneien einzugeben. Antibiotika und andere Tropfen, Pulver, Pasten oder auch zerriebene Tabletten können sehr gut mit einem Klecks Früchtemus oder auch mit Saft verabreicht werden. Vorab ist auszutesten, was die Kaninchen freiwillig vom Löffel schlabbern. Erst danach werden die Tropfen untergemischt. Tropfen oder Pulver können auch auf ein Stück Gurke, Salat oder anderes Gemüse angeboten werden, aber viele Kaninchen sind so „klug", dass sie das angebotene Frischfutter dann nicht mehr möchten. Nehmen die Kaninchen nichts freiwillig vom Löffel, ist es leider nötig, das Medikament direkt ins Mäulchen zu geben. Tabletten werden vorab in Wasser, Tee oder Saft aufgelöst. Zur Eingabe wird das Kaninchen fixiert, gut eignet sich dafür folgende Haltung: Das Kaninchen wird mit dem Rücken zum Halter auf dessen Schoss gesetzt und mit einer Hand am Hals fixiert. Das Medikament wird in eine Spritze (ohne Nadel!) aufgezogen, diese schiebt man seitlich hinter die Vorderzähne, dann wird das Medikament direkt in den hinteren Maulbereich gespritzt. Ein Streicheln über den Hals löst den Schluck-reflex aus. 1-ml-Spritzen mit abgeschnittener Spitze eig-nen sich besonders gut. Dort passt genau eine Portion von 1 ml hinein, so wird nie zu viel ins Maul gegeben, und die Kaninchen haben Zeit zu schlucken, während die nächste Portion aufgezogen wird. Die Spritzen selber sind dünn genug, um sie tief hinter die Zähne zu schieben. Große Spritzen sind meist zu dick dazu und außerdem nicht lang genug.

> **Tipp:** Salben werden immer dünn aufgetragen. Es ist sinnvoll, das Kaninchen danach so lange wie möglich auf dem Schoß zu behalten und es abzulenken, damit es die Salbe nicht ableckt. Ist das Tier dort zu unruhig, wird es mit Grünfutter oder Spielen abgelenkt.

Vor- und Nachsorge bei Operationen

Manchmal ist es leider notwendig, ein Kaninchen operieren zu lassen. Vor- und Nachsorge sind dabei sehr wichtig. Das letzte Frischfutter sollten die Tiere am Abend vor der Operation (OP) bekommen. Heu muss immer reichlich vorhanden sein, aber Frischfutter kann während der Narkose im Darm anfangen zu gären und zu schmerzhaften Auf-gasungen zu führen. Kanin-chen können nicht erbre-chen und sollten auf keinen Fall vor der OP ausgenüch-tert werden, das würde zu ei-ner fatalen Verdauungsstö-rung führen.

Das frisch operierte Kanin-chen muss auf einem Wär-mekissen gelagert werden, nicht alle Tierärzte achten darauf. Darum ist es nötig, sich vorab zu erkundigen und notfalls darauf zu beste-

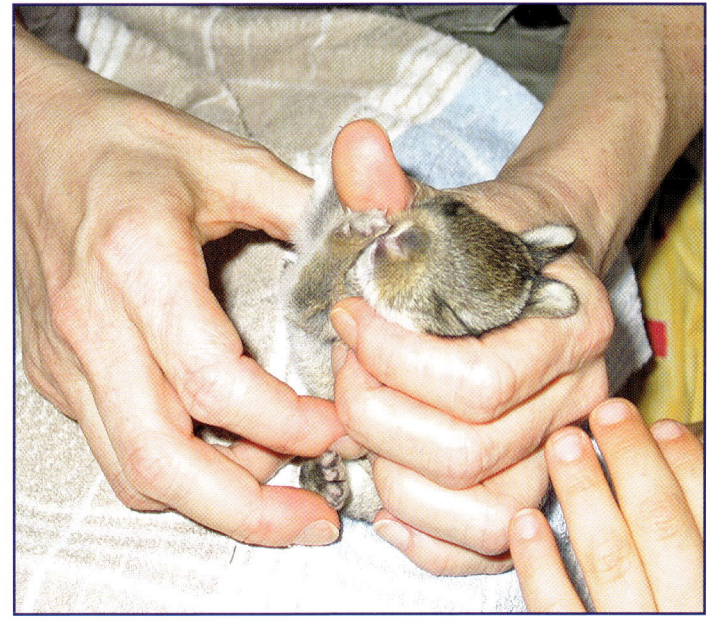

Auch Jungtiere müssen regelmäßig gründlich untersucht werden. Foto: C. Jacob

hen und ein entsprechendes Kissen mitzugeben. Das Kaninchen muss aus der Narkose vollständig wieder erwacht sein, bevor es den Heimweg antreten kann. Gerade die Aufwachphase ist kritisch und sollte deshalb immer unter Aufsicht in der Tierarztpraxis stattfinden. Ein guter Tierarzt gibt Kaninchen erst wieder mit, wenn sie wach sind, und erklärt dem Halter genau die notwendige Nachsorge.

Auf dem Nachhauseweg und bis die Narkose völlig abgeklungen ist, muss das Kaninchen weiter gewärmt werden. Eine handwarme Wärmflasche wird dazu in die Transportbox und ebenfalls in den vorbereiteten Krankenkäfig gelegt. Um ein Annagen der Wärmflasche zu verhindern, wird sie in ein Handtuch gewickelt. In den Stunden nach der Operation muss das Kaninchen aufmerksam beobachtet werden. Erst, wenn es von selber wieder anfängt zu fressen und umherzuhoppeln, ist die größte Hürde geschafft. Dann darf das Kaninchen wieder zu seinen Artgenossen in seine gewohnte Umgebung. Fängt das Kaninchen innerhalb von 24 Stunden nicht an zu fressen, wird es noch einmal dem Tierarzt vorgestellt und dann ggf. zwangsernährt. Nach der OP sollte das Gehege des Patienten nicht eingestreut werden. In den bevorzugten Kuschelecken werden Handtücher ausgelegt, Toiletten stattet man mit Zeitungspapier aus. Diese Maßnahmen verhindern, dass Staub und Streu in die frischen Wunden gelangen. Kaninchen, die sonst in Außenhaltung wohnen, müssen in der ersten Woche auf den Auslauf verzichten, vor allem im Sommer besteht sonst die Gefahr, dass Fliegen ihre Eier in den Wunden ablegen.

Nach der Operation
Die Wunden müssen täglich kontrolliert werden: Sind Fäden gezogen oder Entzündungen zu sehen, fängt das Kaninchen an zu bluten oder hat es sichtlich Schmerzen, ist unverzüglich ein Tierarzt aufzusuchen!

Warme Kuschelhöhlen bieten Sicherheit. Foto: A. Zenker

Zwangsernährung

Wenn kranke Kaninchen keine Nahrung mehr aufnehmen, kann es nötig sein, sie vorübergehend zu päppeln (= Zwangsernährung). Es gilt gut abzuwägen, ob dies nötig ist, denn Zwangsernährung bedeutet Stress und sollte wirklich nur bei totaler Nahrungsverweigerung zum Einsatz kommen, um die Darmtätigkeit zu erhalten. Frisst das Kaninchen selber noch sein Lieblingsfutter und etwas Heu, muss meist nicht zwangsernährt werden. Wird jedoch länger als 24 Stunden keine Nahrung aufgenommen, ist eine Zwangsernährung unbedingt erforderlich.

Im Krankheitsfall sind radikale Futterumstellungen zu vermeiden! Um den Kaninchendarm mit der notwendigen Rohfaser zu versorgen, hat es sich bewährt, als Grundstoff für Päppelbrei gemahlene Heupellets in Wasser, Heusud, Fenchel oder Kamillentee aufzuweichen. Pellets, getrocknetes Gemüse, Heu und Trockenkräuter können auch in einer Mühle (Kaffeemühle) zusammen fein gemahlen und mit Heusud (Tee aus Heu) zu einer dickflüssigen Masse angerührt werden. Damit die Kaninchen die Breie eher annehmen und um eine Versorgung mit Vitaminen und Mineralstoffen zu sichern, ist es sinnvoll, weitere Komponenten beizumischen, beispielsweise Quetschbanane (in keinen Mengen, kann Verstopfung hervorrufen), verschiedene Babybreie, wie Früchtebrei, Karottenbrei oder andere milch- und fleischfreie Produkte, getrocknete Kräuter sowie püriertes Gemüse und Grünfutter jeder Art. Als hilfreich hat es sich erwiesen, ein Medikament mit dem Wirkstoff Simeticon oder Kümmelöl (aus der Apotheke) gegen Aufgasungen in die Päppelbreie zu mischen. Haferflocken sind nur in sehr geringen Mengen als Beigabe zum Päppelbrei sinnvoll.

Wie zur Medikamentengabe eignen sich zum Verabreichen des Breies Insulinspritzen (1 ml), deren Spitze abgeschnitten wird. Rohfaserreicher Brei kann leider kaum durch die Spitzen handelsüblicher Spritzen gedrückt werden, mittlerweile sind aber spezielle Päppelspritzen in der Tierarztpraxis zu bekommen. Damit kann der Brei gut direkt ins Maul gegeben werden. Die Spritze wird von der Seite hinter die Nagezähne geschoben. Falls das Kaninchen Interesse an dem Päppelbrei zeigt, kann

> **Tipp:** Eine Alternative zu selbst hergestelltem Päppelbrei ist „Critical Care" (von Oxbow Pet Products). Dabei handelt es sich um einen Päppelbrei in Pulverform, der speziell auf die Bedürfnisse kranker Kaninchen abgestimmt ist. Da „Critical Care" auch Getreide enthält, kann das bei Kaninchen, die auf eine getreidefreie Ernährung eingestellt sind, zu Darmproblemen führen.

Eine Zwangsernährung ist für Mensch und Tier anstrengend. Foto: C. Jacob

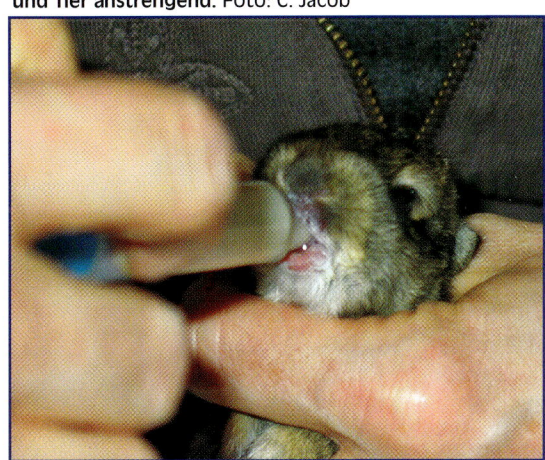

dieser auch gesondert in einer Schale angeboten werden, die Aufnahme des Breies sollte dabei dringend vom Halter überwacht werden. Die Breie sollten zu jeder Mahlzeit frisch zubereitet werden. Sie verderben schnell und dürfen deshalb nicht über die Mahlzeit hinaus aufgehoben werden. In den üblichen Aktivitätsphasen des Kaninchens sollte es ca. alle drei Stunden insgesamt ca. ein Zwanzigstel des Körpergewichts an Päppelbrei bekommen. Das wären z. B. bei einem 2 kg schweren Kaninchen täglich 100 g. Ideal wären dann in etwa 15 g (= 1–2 Esslöffel) pro Mahlzeit. Als absolutes Minimum zur Lebenserhaltung muss bei stark inaktiven Kaninchen die Hälfte dieser Menge gereicht werden.

Auf eine ausreichende Flüssigkeitszufuhr ist zu achten. Trinkt das Kaninchen nicht selbstständig, sollte es regelmäßig etwas Wasser, Kamillen-, Fenchel- oder Heutee eingeflößt bekommen. Ist das Kaninchen dehydriert, d. h. ausgetrocknet, dann muss es unverzüglich vom Tierarzt behandelt werden.

Tipp: Eine Austrocknung des Tieres ist leicht zu erkennen. Beim Ziehen oder Zusammendrücken einer Hautfalte legt sich diese nicht mehr sofort an den Körper an, sondern bleibt stehen, die Augen ragen weit hervor, die Zunge wirkt dünner und schlapp.

Auch Jungtiere müssen gegen RHD und Myxomatose geimpft werden. Foto: K. Aretz

Gehegereinigung bei Krankheit

Bei jeder Krankheit, die durch Bakterien, Viren oder Parasiten ausgelöst wird, ist es notwendig, das Gehege und die Umgebung der Tiere zu reinigen. Das Gehege wird mit heißem Essigwasser ausgewaschen und anschließend gründlich ausgespült. Bei Parasitenbefall wird es mit einem Umgebungsspray gegen Parasiten ausgesprüht, bei Krankheiten, die durch Viren und Bakterien ausgelöst werden, wird mit einem antibakteriellen und viruziden Mittel ausgewaschen oder gründlich mit einem Heißdampfgerät behandelt. Bevor die Kaninchen wieder in das Gehege gelassen werden, muss es gründlich trocknen und auslüften. Alle Einrichtungsgegenstände im Gehege sind ebenfalls zu reinigen. Abwaschbare Teile werden mit Essigwasser ausgewaschen. Holzteile und Kork können mit Seifenwasser abgeschrubbt werden. Zum Trocknen und Abtöten der Keime werden sie anschließend feucht für 40 Minuten bei knapp 100 °C in den Backofen gegeben. Heunester und andere nicht abwaschbare Teile sollten für 48 Stunden tiefgefroren oder besser ganz entsorgt werden. Keramikteile können in der Mikrowelle durch zweiminütiges Erhitzen auf der höchsten Stufe oder durch Auskochen von Parasiten befreit werden.

Wussten Sie eigentlich ...?

Die Eier mancher Milbenarten können mehrere Wochen außerhalb des Wirtes überleben (Sarcoptes-Milbe ca. zwei Wochen, Chorioptes-Milben bis zu acht Wochen) – deshalb ist die gründliche Reinigung nicht nur während, sondern auch nach der Behandlung wichtig!

Impfungen gegen RHD und Myxomatose

Das Myxomatosevirus gehört zur Familie der Pockenviren. Es ist nicht auf andere Tiere oder auf den Menschen übertragbar. Nach einer überstandenen Krankheit ist das Virus noch bis zu sechs Monate im Organismus des Tieres aktiv, es besteht also weiterhin Ansteckungsgefahr für andere Kaninchen.

RHD (Chinaseuche) und Myxomatose

Diese Erkrankungen befallen Haus- und Wildkaninchen und sind auch auf Hasen übertragbar. Andere Tiere und der Mensch sind nicht gefährdet. Die meisten Erkrankungen gibt es in den Sommermonaten, nur vereinzelt werden Fälle im Winter gemeldet. Die Seuche breitet sich schnell aus und endet in 80–100 % der Fälle tödlich. Die Inkubationszeit (Ansteckungszeitraum) beträgt 24–72 Stunden. Der Tod tritt in vielen Fällen wenige Stunden nach dem Auftreten sichtbarer Krankheitszeichen ein.

Übertragung

Übertragen werden Myxomatose und RHD auf viele Arten. Eine Infektion findet häufig durch blutsaugende Insekten wie Stechmücke und Kaninchenfloh statt (Letzterer ist als Hauptüberträger der Myxomatose zu nennen). Auch können die Viren durch Milben, Zecken und Läuse übertragen werden. Eine Ansteckung über Futter wird ebenso vermutet, vor allem in der Natur gesammeltes Grünfutter steht in Verdacht, die Viren zu übertragen. Fliegen können die Viren übertragen. Aber auch von Kaninchen zu Kaninchen oder von Mensch zu Kaninchen wird die Krankheit weitergegeben. Es ist also kaum möglich, seine Tiere vor den Viren sicher zu schützen. Nur eine Impfung bietet sicheren Schutz.

Achtung!
Überlebt ein Tier die Myxomatose, überträgt es auch noch Monate nach der Erkrankung das Virus. Auch geimpfte Kaninchen können die Myxomatose auf nicht geimpfte Kaninchen übertragen! Darum müssen immer alle Tiere eines Bestandes geimpft werden.

Krankheitszeichen

Die Anzeichen der Myxomatose sind nicht einheitlich, sie hängen von vielen Faktoren ab. Die Inkubationszeit beträgt nur 3–5 Tage. Es gibt drei mögliche Verlaufsformen einer Infektion. Bei der akuten Verlaufsform hat das Kaninchen geschwollene Augenlider (Bindehautentzündung), später weitere Anschwellungen im Kopfbereich (Augen, Nase, Lippen, Ohren) und eitriges Augensekret, im weiteren Verlauf auch Fieber und Ödembildung am ganzen Körper. Zu Beginn der Krankheit sind die Tiere noch recht munter und nehmen gut Futter auf, nach 1–2 Wochen stellen sie die Nahrungsaufnahme ein und versterben. Bei der perakuten Verlaufsform sind die Anzeichen weniger ausgeprägt, meist ist nur eine Anschwellung im Augenbereich, die mitunter mit einer harmlosen Bindehautentzündung verwechselt wird, zu erkennen. Die Kaninchen sterben innerhalb weniger Tage. Bei der chronischen Verlaufsform bilden sich vor allem am Kopf und an den Läufen Knoten und Ödeme. Manche robuste Kaninchen können eine solche Infektion überleben. Die Myxomatose ist nicht heilbar – auch wenn Medikamente unterstützend eingesetzt werden, sterben die meisten Tiere an der Krankheit.

Die Krankheitsanzeichen der RHD-Infektion sind ebenfalls wenig charakteristisch: eine beschleunigte oder erschwerte Atmung, Fressunlust (Inappetenz), Apathie (Teilnahmslosigkeit), allg. Störungen des Wohlbefindens, es können aber auch gar keine Anzeichen vorkommen. Es gibt ebenfalls drei mögliche Verlaufsformen: Bei der akuten Verlaufsform kommt es 2–4 Tage nach der Ansteckung zu Unruhe, Benommenheit, Atemnot oder Flankenatmung, Fieber, Fressunlust und blutigem Durchfall. Die Tiere ersticken meist qualvoll. Die perakute Verlaufsform zeigt keine Krankheitsanzeichen, das Kaninchen bricht plötzlich zusammen und erstickt mit Atemnotkrämpfen, meist mit weit zurückgebogenem Kopf und Blutaustritt aus den Nasenlöchern. Es wird auch von Schreien und anderen Lautäußerungen berichtet. Außerdem existiert ein „sanfter" Verlauf, das Tier leidet unter Unwohlsein, evtl. Durchfall und erholt sich nach einigen Tagen wieder. Es gibt verschiedene Impfstoffe, die auf verschiedenen Wegen eingebracht werden. Normalerweise wird subkutan (unter die Haut) gespritzt. Bei Jungtieren wird eine Grundimmunisierung vorgenommen: 1. Impfung im Alter von 4–6 Wochen, Wiederholungsimpfung nach vier Wochen, weiterer Impfmodus: Myxomatose ca. alle sechs Monate (Frühjahr und Herbstbeginn), RHD einmal im Jahr (am besten im Frühjahr). Ausnahmslos alle Kaninchen, auch Exemplare in Wohnungshaltung sowie alte und trächtige Tiere müssen geimpft werden. Die Impfung wird meist problemlos vertragen. Auch wenn es in einem Jahr kaum Myxomatose- und RHD-Fälle gibt, muss geimpft werden. Durch Impfmüdigkeit kann sich die Seuche weiter ausbreiten und wird im nächsten Jahr umso heftiger zuschlagen! Zusätzlichen Schutz bieten Sauberkeit und eine Quarantäne bei neuen Tieren.

Wussten Sie eigentlich. ..?

In Deutschland und Österreich ist die Impfung das beste Mittel gegen Myxomatose, in der Schweiz dagegen ist sie nicht zugelassen. In Deutschland und der Schweiz wird gegen RHD geimpft, Österreich gilt zurzeit als RHD-frei, dort ist eine Impfung nicht nötig. Für Rassezüchter: In Deutschland ist eine RHD-Impfung Pflicht für Ausstellungstiere.

Eine Quarantäne verhindert die Ausbreitung von Krankheiten. Foto: I. Domaschke

Parasiten beim Kaninchen

Hautparasiten

Die verschiedenen Hautparasiten im Überblick

Sarkoptesräude (Erreger: *Sarcoptes cuniculi*).

Die Sarkoptesräude wird durch Grabmilben hervorgerufen. Diese Milbenart lebt unter der Haut und ernährt sich von Lymphe und Zellflüssigkeit. In Fachbüchern ist nachzulesen, dass sich diese Milbenart zunächst an den Lippen und auf dem Nasenrücken ansiedelt. Unsere eigenen Erfahrungen zeigen, dass dies meist nicht der Fall ist, häufiger finden sich die Milben im Nacken- und Rückenbereich der Tiere; von hier breiten sie sich über den restlichen Körper aus.

Symptome: Starker Juckreiz, Hautläsionen (schorfige, blutige Stellen), Haarausfall, das Kaninchen wirkt unruhig und kratzt sich häufig, im fortgeschrittenen Verlauf wird es apathisch und lässt sich nur ungern anfassen, da es Schmerzen hat. Die Kaninchen magern ab, und in extremen Fällen sterben sie durch den Befall.

Diagnose: Eine erste Diagnose ist bei einem starkem Befall häufig schon durch Sichtung möglich, da die Wunden und Krusten sehr charakteristisch sind, eine eindeutige Diagnose ist allerdings nur durch ein Hautgeschabsel möglich (wobei ein negativer Befunde nicht unbedingt auch bedeutet, dass keine Milben vorhanden sind).

Gerade Kaninchen in der Außenhaltung müssen häufiger auf Parasiten untersucht werden.
Foto: K. Aretz

Ohrräude (Erreger: *Psoroptes cuniculi*)

Diese Milbenart siedelt bevorzugt im Innenohr, bei starkem Befall sind die Milben auch auf der äußeren Ohrmuschel wahrzunehmen. Sie leben auf der Haut, stechen diese an und ernähren sich von austretenden Gewebesäften.

Symptome: Das erste Indiz für diese Milbenart sind Schuppen sowie Ekzeme am Ohr, auch verursachen die Milben Juckreiz und Entzündungen. Betroffene Kaninchen haben Schmerzen, zeigen Kopfschütteln und Krämpfe. Auch eine Kopfschiefhaltung kann ein Indiz für Ohrmilben sein. Im Extremfall magern die Tiere ab und haben auch Haarausfall.

Diagnose: Eine erste Diagnose ist bei einem starkem Befall häufig schon durch Sichtung möglich, da die Wunden und Krusten am Ohr meist nicht zu übersehen sind. Eine eindeutige Diagnose ist allerdings nur durch ein Hautgeschabsel möglich (wobei ein negativer Befund nicht unbedingt auch bedeutet, dass keine Milben vorhanden sind).

Raubmilbe (*Cheyletiella parasitivorax*)

Diese Milben leben in den oberen Hautschichten und ernähren sich von Hautpartikeln und anderen Milbenarten. Die Eiablage der Raubmilbe findet am Haaransatz statt. Sie sind nicht wirtspezifisch und gehen auch auf andere Tiere über.

Symptome: Erste Indizien für diese Milbenart sind große, auffallende Schuppen sowie Ekzeme und Haarausfall am Rücken und Nacken, mitunter werden die Kaninchen durch den entstehenden Juckreiz auch unruhiger (es kommt teilweise zu Rangkämpfen in der Gruppe). Im Extremfall magern die Tiere ab und bekommen auch Haarausfall.

Diagnose: Mittels eines einfachen Tesaabklatsches wird eine Probe genommen, diese Milben sind gut unter dem Mikroskop zu erkennen.

Pelzmilbe (*Demodex cuniculi*)

Pelzmilben lassen sich überall auf dem Tier finden. Besonders geschwächte und junge Tiere sind häufiger befallen. Pelzmilben leben in den Haarbälgen.

Symptome: Meist bleibt ein Befall mit Pelzmilben lange Zeit symptomlos. Nur bei stark geschwächten Tieren oder einem extremen Befall kann es zu vermehrtem Juckreiz und zu Ekzemen kommen.

Diagnose: Pelzmilben sind mit einem Hautgeschabsel im Bereich der Haarbälge nachzuweisen.

Haarlinge (z. B. *Gliricola porcelli*, *Gyropus ovalis* und *Trimenopon hispidum*) Haarlinge siedeln überall auf dem Tier, bevorzugt lassen sie sich am Kopf und an der hinteren Rückenpartie sowie in der Aftergegend finden.

Symptome: Haarausfall, Hautläsionen (schorfige, blutige Stellen), Juckreiz (das Kaninchen wirkt unruhig und kratzt sich häufig). Im fortgeschrittenen Verlauf ist das Tier stark geschwächt, anfällig für weitere Infektionen und wirkt extrem unruhig.

Diagnose: Mittels eines einfachen Tesaabklatsches sind Haarlinge zu entnehmen, sie sind gut unter dem Mikroskop zu erkennen. Die Haarlinge sind im Pelz als kleine, längliche Würmchen (1–2 mm lang) in Weiß oder Schwarz meist gut zu sehen.

Herbstgrasmilbe (*Trombicula autumnalis*)

Die Larven der Herbstgrasmilbe machen vor Kaninchen und vielen anderen Tieren nicht Halt, sie leben in den oberen Hautschichten und ernähren sich von Blut und Gewebsflüssigkeiten.

Symptome: Am Kopf, an den Ohren und vor allem bei hellen Tieren sind Hautrötungen zu erkennen, es kommt ebenfalls zu Juckreiz, leichtem Haarausfall und Quaddelbildung.

Diagnose: Mittels eines einfachen Tesaabklatsches sind die Milben aus dem Fell zu entnehmen, sie sind gut unter dem Mikroskop zu erkennen.

Wussten Sie eigentlich ...?
Herbstgrasmilben sind häufig auf Graswiesen zu finden und treten gerade im Herbst massenhaft auf, wie ihr Name schon vermuten lässt.

Flöhe (*Spilopsyllus cuniculi*)

Flöhe sind blutsaugende Insekten, die sich nur zur Blutaufnahme und Eiablage auf dem Wirtstier einfinden.

Symptome: Die Kaninchen haben starken Juckreiz, sind nervöser, und es lassen sich rote Punkte und kleine Ekzeme finden.

Diagnose: Flöhe und vor allem der Flohkot sind mit bloßem Auge meist als kleine, schwarze Punkte zu erkennen. Flöhe gelten als Überträger der Myxomatose.

Schmeißfliegenlarven (Calliphoridae)

Schmeißfliegen legen ihre Eier bevorzugt an der Afterregion des Wirtstieres ab, dort ernähren sich die Maden von dem Gewebe und Wundsekreten. Besonders häufig werden schwache, alte, kranke und fehlernährte Kaninchen im Sommer befallen, bevorzugt werden die Eier in vorhandenen Wunden abgelegt.

Symptome: Die Kaninchen sind extrem unruhig oder bereits apathisch. Die Haut ist am After großflächig zerstört und zeigt starke Krusten.

Diagnose: Die Larven sind in der Wunde als kleine, weiße Würmchen gut zu erkennen.

Zecken (Ixodida)

Es gibt verschiedene Zeckenarten, in Deutschland finden wir in erster Linie die Schildzecken in Gebüschen und Sträuchern. Sie parasitieren als Blutsauger auf verschiedenen Tierarten und dem Menschen.

Symptome: Zecken sind als kleine Spinnentiere gut mit bloßem Auge zu erkennen. Meist sieht man den Hinterleib aus der Haut ragen, mit dem Kopf bohren sie sich in die Haut, um Blut zu saugen. Zeckenbisse sind als kleine rote Punkte zu erkennen, mitunter entzünden sich die Bisse, dann werden es große Quaddeln.

Behandlung: Ist es zu einem Zeckenbiss gekommen, sollte der unerfahrene Halter einen Tierarzt aufsuchen, der die Zecke entfernt und dann gleich die Wunde desinfiziert. Der erfahrene Halter kann die Zecke herausdrehen, hilfreich sind dabei Zeckenzangen oder Zeckenhaken. Die Wunde sollte natürlich auch hier desinfiziert und in der Folge gut beobachtet werden. Zeigen sich Zeichen einer eitrigen Infektion, ist der Tierarzt aufzusuchen, evtl. ist dann eine antibiotische Behandlung notwendig.

> **Wussten Sie eigentlich ...?**
> Zecken suchen ihren Wirt nur zum Blutsaugen zwischen ihren verschiedenen Lebensstadien auf.

Bekämpfung von Parasiten

Behandlung von Sarkoptesräude, Bekämpfung von Pelz- und Raubmilbe

Diese Milbenarten leben unter der Haut. Viele Präparate, die nur auf die Haut aufgetragen werden, erreichen sie deshalb nicht. Der Veterinär kann aber wirksame Mittel verschreiben und über die Anwendung beraten. In Frage kommen z. B. verschiedene Injektionslösungen, welche unter die Haut gespritzt werden. Gute Erfolge werden z. B. mit den Wirkstoffen Ivermectin und Doramectin erzielt. Es gibt ebenfalls Präparate (Wirkstoff Selamectin und Ivermectin), welche in den Nacken getropft werden. Im Normalfall ist eine dreimalige Behandlung im Abstand von jeweils 8–10 Tagen notwendig.

> **Achtung!**
> Eine Parasitenbekämpfung darf nur nach vorheriger tierärztlicher Diagnose und nur bei einem bestätigten Befall erfolgen! Gut wirksame Präparate sind ausschließlich über den Tierarzt zu beziehen und werden nur von diesem verabreicht. Eine prophylaktische Behandlung ist nicht möglich! Die meisten effektiven Präparate sind Nervengifte, die bei einer Überdosierung toxisch wirken. Deshalb ist es für die Kaninchen lebenswichtig, dass die angegebenen Dosierungen eingehalten werden.

Bekämpfung von Haarlingen, Herbstgrasmilben, Flöhen, Maden

Auch hier sollten Sie sich vom Tierarzt beraten lassen – es gibt verschiedene Sprays, Pulver und Lösungen, die gegen diese Parasiten wirken. Wichtig: Sprays werden *immer* vorab auf die eigenen Hände gesprüht (Einmalhandschuhe überziehen), dabei ist ein Abstand vom Tier und vor allem von dessen Kopf notwendig, damit kein Spray in dessen Lungen gelangen kann. Mit den Händen wird das ganze Kaninchen ordentlich durchgerubbelt. Es ist ebenfalls möglich eine Bürste einzusprühen und das Tier damit durchzubürsten! Nach 24 Stunden wird das Kaninchen nochmals ordentlich gebürstet, um abgestorbene Schädlinge bzw. deren Nissen vollständig aus dem Fell zu bekommen. Puder ist in der Anwendung meist etwas schwer zu dosieren und gerät zu leicht in die Lungen, hier ist bei der Anwendung besondere Sorgfalt wichtig. Sichtbare Maden werden vor der Behandlung manuell aus den Wunden entfernt.

Achtung! Das bei Nagern häufig empfohlene Frontline Spray darf nicht bei Kaninchen angewendet werden, da es zu Unverträglichkeiten, u. U. auch mit Todesfolge, kommen kann!

Behandlung korrekt durchführen

Vom Veterinär bzw. auf dem Mittel angegebene Dosierungen sind unbedingt einzuhalten, eine Überdosierung ist lebensgefährlich für die Tiere! Eine solche Überdosierung ist an typischen Vergiftungserscheinungen zu erkennen: Zittern, starkes Speicheln, weite Pupille, Koma. Treten diese Symptome auf, ist unverzüglich ein Tierarzt aufzusuchen!

Es wird mitunter dazu geraten, alle Tiere aus einer Gruppe zu behandeln, auch wenn diese nicht erkrankt sind. Wenn keine Parasiten oder Anzeichen für Parasiten an den anderen Rudelmitgliedern gefunden werden, ist eine Behandlung jedoch nicht nötig. Parasiten finden sich in kleiner Menge immer in der Umgebung der Kaninchen, ob

Tipp: Die häufig angewendeten Badezusätze gegen Parasitenbefall kann ich nicht unbedingt empfehlen. Baden bedeutet für die Tiere Stress, und gerade dieser ist ein häufiger Auslöser für den Milbenbefall. Bei niedrigen Temperaturen besteht außerdem die Gefahr, dass sich das Kaninchen durch das Bad erkältet. Nötig wird ein Bad bestenfalls nach erfolgreicher Behandlung oder bei sehr starkem Befall.

Quarantäne während einer Krankheit Foto: S. Wilde

sie aber die Tiere auch befallen und hier schädigend wirken, ist von verschiedenen Faktoren abhängig. Meist leiden nur einzelne (häufig geschwächte oder gestresste) Kaninchen an einem Parasitenbefall. Dann müssen auch nur diese Tiere behandelt werden. Eine Behandlung der ganzen Gruppe wäre nur sinnvoll, wenn ein Großteil der Exemplare befallen ist.

Durch die erste Behandlung werden alle Parasiten getötet, nicht aber deren Eier. Daraus schlüpfen Larven, die in kurzer Zeit für einen neuen Befall sorgen. Darum ist darauf zu achten, die Behandlung so lange fortzusetzen, wie vom Tierarzt angeraten. Wird nicht nachbehandelt, ist der Parasitenbefall nur vorübergehend gestoppt, kann sich aber nach kurzer Zeit wieder ausbreiten. Auch wenn sofort eine Besserung eintritt, die Behandlung darf auf keinen Fall abgebrochen werden! Meist kommt es direkt nach der ersten Behandlung zu einem leicht verstärkten Juckreiz, dieser sollte aber innerhalb von 24 Stunden abklingen.

Innere Parasiten

Kokzidiose (Erreger: *Eimeria stiedai* und andere *Eimeria* spp.). Kokzidien sind Einzeller, die im Darm (Darmkokzidiose) oder der Galle (Leberkokzidiose) u. a. von Kaninchen leben. Sie entwickeln sich in einem mehrphasigen Zyklus. Durch den Kot der befallenen Kaninchen werden so genannte Oozysten ausgeschieden, die in der Außenwelt monatelang überleben. Die Übertragung und Aufnahme der Kokzidien/Oozysten erfolgt oral über Kot, verschmutztes Futter und Einstreu.

Symptome: Darmkokzidiose: Verdauungsstörungen, Blähungen (Tympanie), starker, breiiger bis wässriger, meist sehr übel riechender Durchfall. Das befallene Tier wirkt teilnahmslos, inaktiv und frisst nicht mehr ausreichend. Nicht selten führt eine Kokzidiose schnell zum Tod des Kaninchens, besonders bei Jungtieren. Es können aber auch (gerade ältere) Tiere befallen sein und die Erreger ausscheiden sowie weitergeben, die selber keine Symptome zeigen!

Leberkokzidiose: Diese Erkrankung führt zu einer Entzündung der Gallengänge und zu Leberschwellung. Die Tiere magern ab, häufig sind ältere Tiere betroffen.

Diagnose: Für die Kotuntersuchung wird der Kot über mehrere Tage gesammelt, da die Eier der Parasiten nicht ständig ausgeschieden werden.

Behandlung: Zur Therapie werden Sulfonamidpräparate eingesetzt. Die Art des Medikaments sowie die Dosierung richten sich nach der Größe des Kaninchens und werden vom Tierarzt festgelegt.

Wichtig: Stress und falsche Fütterung begünstigen einen starken Kokzidienbefall. Unsauberkeit ist einer der wichtigsten Auslösefaktoren. Absolute Sauberkeit ist im Kaninchenstall ohnehin Pflicht, aber während einer Kokzidienbehandlung muss die Einstreu täglich gewechselt, der Bereich um das Gehege gründlich gereinigt werden (Teppiche werden gründlich und langsam abgesaugt, kein Auslauf während des Befalles!). Eine Käfigdesinfektion mit kochendem Wasser und Essigessenz tötet Oozysten zuverlässig ab.

Tipp: Bei einem Kokzidienbefall ist darauf zu achten, dass die Tiere kein verschmutztes Heu zu sich nehmen. Futter und Kot dürfen nicht miteinander in Berührung kommen. Eine Quarantäne ist bei neuen Tieren unbedingt einzuhalten, während der Quarantänezeit sollte der Kot untersucht werden.

Spulwürmer (*Garphidium strigosum*, *Trichostrongylus retortaeformis*, *Passalurus ambiguus*). Spulwürmer siedeln sich im Darm an.

Symptome: In erster Linie sind Jungtiere und stark geschwächte Kaninchen betroffen. Das befallene Kaninchen wirkt teilnahmslos, inaktiv und frisst nicht mehr ausreichend, magert ab, und es kommt zu schleimigem Durchfall. Ein starker Befall sorgt für chronische Dünndarmentzündungen.

Diagnose: Die ausgeschiedenen Eier werden im Kot nachgewiesen, mitunter werden auch Würmer ausgeschieden.

Behandlung: Medikament sowie Dosierung richten sich nach der Größe des Kaninchens und werden vom Tierarzt festgelegt. Sinnvoll ist eine Behandlung mit

Spulwurmeier finden sich auf Wildwiesen. Foto: I. Domaschke

Fenbendazol oder auch Febantel. Es ist ebenfalls möglich mit Doramectin oder Ivermectin zu behandeln.

Wichtig: Während der Behandlung ist das Gehege täglich gründlich zu reinigen – eine gründliche Käfigdesinfektion mit kochendem Wasser und Essigessenz oder Dampf tötet Würmer ab. Es ist darauf zu achten, dass die Kaninchen kein verschmutztes Grünfutter zu sich nehmen. Gras und anderes Grünfutter sollten möglichst dort gepflückt werden, wo keine Wildkaninchen vorkommen.

Kopfschiefhaltung (aufgrund von Befall mit *Enzephalitozoon cuniculi*)

Es handelt sich um einen in den Körperzellen lebenden, pilzartigen Einzeller. Dieser Parasit siedelt sich bevorzugt im zentralen Nervensystem (Gehirn, Rückenmark) sowie auch in den Nieren der befallenen Tiere an. Vom befallenen Kaninchen werden in einem bestimmten Stadium der Erkrankung Sporen des Erregers über Urin und Kot ausgeschieden. Der Erreger kann auch über die Atemwege (Nase/Lungen) aufgenommen werden. Ebenso wird er vom Muttertier auf die Jungtiere übertragen.

Symptome: Es kommt zu verschiedenen Symptomen, je nach Verlaufsform. Ein häufiges Symptom ist der verdrehte, schief gehaltene Kopf, meist in Verbindung mit dem Verlust des Gleichgewichtssinnes und Desorientierung. Mitunter wird der Kopf in den Nacken gelegt und das Mäulchen wie zur Schnappatmung aufgerissen. Lähmungserscheinungen an den Hinterläufen sind ebenso typisch wie veränderte Darmfunktionen (Verstopfungen, Aufgasungen, Durchfall). Verdickte und entzündliche Augen sind häufig zu beobachten. Bei Jungtieren kommt es mitunter zur Wachstumsverzögerung.

> **Tipp:** Gegen *E. cuniculi* wurden gute Ergebnisse mit der Gabe von Fenbendazol über mindestens 3 Wochen erzielt, ebenso geeignet ist Albendazol. Wichtig ist die Gabe eines Antibiotikums gegen die Sekundärinfektionen und eines Vitamin B Präparates für die Nerven. In vielen Fällen ist auch die Gabe von Cortison erforderlich.

Diagnose: Bei Verdacht auf *E. cuniculi* wird eine Blutuntersuchung durchgeführt. Mit dem so genannten „Tuschetest" untersucht man dabei das Blut auf Antikörper gegen den Erreger. Eine eindeutige Diagnose liefert ebenfalls die Nachweismethode mittels Polymerasekettenreaktion (PCR). Differenzialdiagnose: Mittelohrentzündung!

Behandlung: Je früher mit einer Behandlung begonnen wird, desto größer sind die Heilungschancen. Es ist leider nach wie vor keine optimale Behandlung bekannt. Sobald Symptome auftreten, ist unverzüglich ein Tierarzt aufzusuchen, der die Therapie einleitet. Die erste Maßnahme ist noch vor dem Testergebnis die Gabe eines Anthelminthikums (Mittel gegen Würmer).

Wichtig: Alle im Rudel eines betroffenen Tiers lebenden Kaninchen, auch Tiere ohne Krankheitsanzeichen, sollten vorsorglich in die Therapie mit dem Anthelminthikum eingeschlossen werden. Da *E. cuniculi* ebenfalls die Nieren befällt, ist auf eine ausreichende Flüssigkeitszufuhr und gute Spülung der Nieren zu achten.

Darmprobleme bei Kaninchen
Breiiger Kot/Durchfall

Durchfall kann verschiedene Ursachen haben. Ein häufiger Auslöser ist, dass Kaninchen eine schnelle Futterumstellung nicht verkraften. Gerade junge Tiere müssen sehr langsam an neues Futter (Frisch-/Grün-/Trockenfutter) gewöhnt werden. Große Mengen ungewohnten Futters können zu Darmproblemen führen. Gespritztes und nur unzureichend gewaschenes Gemüse oder Obst können eine Vergiftung und damit auch Durchfall auslösen. Ebenso kann es aufgrund anderer Krankheiten, wie Zahnfehlstellungen etc., zu Durchfall kommen. Mitunter sind eine bakterielle oder virale Infektion sowie Parasiten der Grund für dieses Krankheitsbild. In diesem Zusammenhang zu nennen sind beispielsweise Colibakterien, Yersinien, Giardien und Salmonellen. Auch andere Erkrankungen können Durchfall nach sich ziehen. Ein weiterer Grund für Durchfall ist häufig, dass die Kaninchen etwas für sie Schädliches gefressen haben: Plastik, Katzenstreu, andere giftige Einstreu, giftige Pflanzen, Zigaretten etc.

Wussten Sie eigentlich ...?
Der Hauptauslöser für ständig wiederkehrenden Durchfall ist meist eine grundsätzlich falsche Fütterung der Tiere. Getreide und/oder melasse- bzw. zuckerhaltiges Trockenfutter und Snacks sorgen dafür, dass der Darm nicht vernünftig arbeiten kann. In diesem Fall hilft nur eine langsame Umstellung auf eine gesunde Ernährung der Tiere.

Ungewohntes Grün in großen Mengen kann Darmprobleme verursachen. Foto: P. Maar

Aufgasungen/Trommelsucht (Tympanie)

Wurden ungewohntes Frisch- oder Trockenfutter in solchen Mengen gegeben, dass der Darm überfordert ist, kommt es zu starken Fehlgärungen im Darm. Vor allem im Sommer müssen die Kaninchen erst langsam an frisches Gras etc. gewöhnt werden. Stark blähendes/gärfähiges Futter wie Kohl, Hülsenfrüchte, Zwiebelgewächse, Klee und feiner Rasenschnitt sowie angegorenes, gefrorenes oder erwärmtes Gras verursachen häufig solche gefährlichen Aufgasungen. Ebenso kann es auch infolge anderer Krankheiten wie Zahnfehlstellungen etc. zu Trommelsucht kommen.

Verstopfung

Fellwechsel und damit entstehende Kötelketten sowie eine Überfütterung mit ungeeigneten Nahrungsmitteln (Brot, zuckerhaltige Futtermittel etc.) können zu Verstopfung führen. Gleiches gilt für die übermäßige Aufnahme von Einstreupellets oder auch getrocknetem Gemüse, die im Magen aufquellen und für eine lebensgefährliche Magenüberladung sorgen.

Krankheitszeichen

Durchfall: Es finden sich schmierige oder breiige Kotabsonderungen im Käfig. Bei stärkerem Durchfall ist der Afterbereich verschmutzt, die Haare in diesem Bereich sind verklebt. Das Kaninchen wirkt teilnahmslos, es frisst nicht mehr richtig, interagiert nicht mehr mit Artgenossen oder dem Halter und hat sichtbar Schmerzen, das Fell wirkt struppig, mitunter sabbert das Kaninchen stark und verliert an Gewicht.

Trommelsucht: Gut zu ertasten und meist sichtbar ist eine Aufblähung des Bauches, die Bauchdecke ist stark gespannt. Betroffene Kaninchen verweigern bei akuter Tympanie die Nahrungsaufnahme. Sie bekommen mitunter Atemnot, liegen oder sitzen gekugelt mit starker Flankenatmung, mit panisch aufgerissenen Augen oder schon teilnahmslos im Gehege. Die Tiere schlagen mit den Hinterläufen und knirschen auch mit den Zähnen.

Verstopfung: Die Kaninchen haben Probleme beim Kotabsetzen, sitzen mit gekrümmtem Rücken in der Toilette, es kommen Köttelketten oder sehr kleine Köttel, sie sitzen aufgeplustert im Gehege und verweigern die Nahrungsaufnahme.

Diagnose: Um die Ursache für eine Erkrankung des Darmtraktes einwandfrei fest zu stellen, ist es notwendig, eine Kotprobe zu untersuchen. Eine genaue Überprüfung der Fütterung und der Lebensumstände der Patienten ist ebenfalls wichtig.

> **Wichtig:** Durchfall und Trommelsucht bei Kaninchen sollte niemals länger als 24 Stunden nach der Entdeckung ohne Tierarztbesuch behandelt werden, denn andauernde Darmprobleme führen zum Tod des Kaninchens! Der Tierarzt wird dann entscheiden, welche Medikamente gegeben werden und welche Behandlung sinnvoll ist. Bei jeder Therapie sollten Aufgasungen innerhalb von 24 Stunden aufgelöst sein, Durchfall sollte sich innerhalb von 24 Stunden deutlich bessern.

Sofortmaßnahmen bei Darmerkrankungen

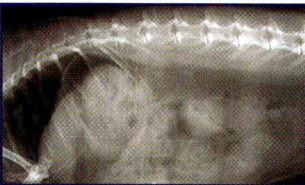

Magenbezoar beim Kaninchen
Foto. B. Lazarz

Diese Maßnahmen werden ergriffen, bis die Möglichkeit besteht einen Veterinärmediziner aufzusuchen. Sie ersetzen keinesfalls den Tierarztbesuch! Grün- und Saftfutter sollten bei Durchfall und Aufgasung so lange nicht geben werden, bis der Kot wieder fest ist. Heu muss immer im Käfig vorhanden sein. Die verschmutzte Afterregion ist zu reinigen, da sonst Hautreizungen entstehen können! Die Ursache für den Durchfall bzw. die Aufgasung muss abgeklärt werden, das Futter des Kaninchens ist zu überprüfen. Bei Durchfall muss es vor dem Austrocknen (Dehydrieren) geschützt werden. Sollte das Kaninchen nicht selber trinken, ist es wichtig, ihm Wasser oder auch Fenchel- oder Kamillentee einzuflößen (mehrmals am Tag mit einer Pipette). Das Wasser wird mit Traubenzucker (ca. 1/4 Teelöffel am Tag) und einigen Salzkörnchen vermischt. Ist das Kaninchen dehydriert, muss es sofort von einem Tierarzt behandelt werden!

Tipp: Bei Durchfall und Aufgasung sind Kohl und Salate vom Speiseplan zu streichen. Fenchel und Möhren werden gut vertragen, Wiesengrün wird in kleinen Mengen angeboten. Heu und Trockenkräuter sollten immer zur Verfügung stehen. Fenchel- und Kamillentee beruhigen den Magen.

Aufgeplustertes Kaninchen mit Aufgasung Foto: S. Wilde

Bei Trommelsucht wird unverzüglich ein Medikament mit dem Wirkstoff Simeticon eingegeben, mehrmals täglich bis stündlich zwischen 0,3 und 1 ml, vermischt mit warmem Wasser. Eine Behandlung mit Kümmelöl oder -tee kann ebenfalls sinnvoll sein. Anschließend wird der Bauch vorsichtig mit kreisenden Bewegungen massiert (eher streicheln, nicht drücken!). Auch hier ist eine Heudiät sinnvoll. Bei Verstopfung wird ein hochwertiges Speiseöl eingegeben (bei massiver Verstopfung 1 ml alle 2–3 Stunden). Zur Vorbeugung beim Fellwechsel reichen einige Tropfen täglich aus. Die Kaninchen sollten zum Trinken angehalten werden. Auch Bauchmassagen können sinnvoll sein. Hier ist eine reichhaltige Frischfutterzufuhr sinnvoll.

Aufbau der Darmflora

Die beschädigte Darmflora des erkrankten Tieres muss wieder aufgebaut werden. Bewährt haben sich dafür pro Tag 0,5–1 g „Bird Bene Bac"-Gel, eine Messerspitze „Bene Bac" als Pulver oder ein Drittel einer Kapsel „Omniflora N" pro Tag. Frischer Blinddarmkot gesunder Kaninchen wäre ebenfalls sinnvoll, werden Meerschweinchen gehalten, auch deren Kötel. Etwas Baby-Karotten- oder Baby-Apfelbrei regen zur Futteraufnahme an. Wenn das Kaninchen zu wenig oder gar nicht frisst bzw. zu stark abnimmt, muss es zwangsernährt werden, damit die Darmtätigkeit nicht zum Erliegen kommt.

Pilzbefall

Unter den Pilzerkrankungen finden sich Zoonosen, also auf den Menschen übertragbare Krankheiten, weshalb es sehr wichtig ist, die befallenen Kaninchen und auch andere Tiere aus der Gruppe während der Krankheit nur mit Kunststoff-Handschuhen anzufassen.

> **Wichtig:** Bei einem Pilzbefall ist Sauberkeit absolute Pflicht! Sollten beim Halter Hautrötungen oder Ausschlag auffallen, ist unverzüglich ein Hautarzt aufzusuchen.

Erkennen von Hautpilzbefall

Beim Kaninchen kommen am häufigsten die Ring- oder Glanzflechte vor (*Trichophyton mentagrophytes*), seltener finden sich auch *Microsporum*-Arten.

Lokalisation und klinisches Bild: Es finden sich hauptsächlich kreisrunde, haarlose, mitunter weißlich verschorfte Stellen auf der Haut, im Anfangsstadium meist an den Ohren, an der Schnauze und den Gliedmaßen, bei stärkerem Befall auch auf dem Rücken und am Bauch. Es gibt auch Pilzarten, die nur für Haarausfall an den Flanken und am Bauch sorgen.

Diagnose: Die genaue Diagnose ist nur durch das Anlegen einer Kultur möglich, es wird ein Hautgeschabsel entnommen, häufig reicht auch eine Haarprobe. Mitunter kann man auch unter der UV-Licht-Lampe gelbgrüne Fluoreszenz erkennen,

Tipp! Die Behandlung eines Pilzbefalls muss auch weitergeführt werden, wenn das Fell schon wieder nachwächst, was meist nach ca. zwei Wochen der Fall ist. Eine durchschnittliche Behandlung dauert drei Wochen, kann sich aber auf bis zu sechs Wochen ausdehnen.

was ebenfalls auf Pilzbefall hinweist. Jedoch ist eine fehlende Fluoreszenz nicht gleichbedeutend mit einem negativen Befund.

Eine Diagnose durch einen erfahrenen Tierarzt ist unbedingt notwendig, ein Laie kann einen Pilzbefall nicht eindeutig erkennen und auch andere Sekundärkrankheiten wie z. B. Milbenbefall nicht ausschließen.

Behandlung von Pilzbefall

Wenn die Hautveränderungen nur geringfügig ausgedehnt sind, reicht es aus, die befallenen Stellen mit einem lokal wirkenden Antimykotikum nach Weisung des Veterinärs zu behandeln. Bei größeren Ausdehnungen ist es ratsam, zusätzlich ein Medikament oral zu verabreichen – Ihr Tierarzt informiert Sie über Art und Anwendung.

Solche Leckerchen sind bei Darmerkrankungen tabu.
Foto: A. Zenker

Pilzbefall im Darm

Die ersten Anzeichen einer massiven Hefepilzbesiedelung im Darm sind stetiger Gewichtsverlust, häufigere Verstopfungen oder Durchfall und ein schlechter Allgemeinzustand. Schnelle Futterumstellungen, verdorbenes Futter, eine generell falsche Fütterung und eine unsaubere Umgebung können Ursachen sein.

Diagnose: Es wird eine Kotprobe entnommen. Unter dem Mikroskop lassen sich die Sporen bei einer 400fachen Vergrößerung gut erkennen.

Behandlung: Die Behandlung von Darmpilzen ist unkompliziert. Es wird ein oral wirkendes Antimykotikum verabreicht. Die Dosierung und Art der Anwendung richtet sich nach der Größe des Tieres und der Art des Medikamentes. Auch wenn eine schnelle Besserung der Darmproblematik eintritt (die verabreichten Mittel wirken innerhalb weniger Tage), sollte die Therapie mindestens zehn Tage fortgesetzt werden, mitunter wird eine Behandlungsdauer von zwei Wochen empfohlen. Nachuntersuchungen des Kotes nach dem Absetzen des Medikamentes und ca. 6–8 Wochen nach der Behandlung sind angeraten.

Erkrankungen der Atemwege

Krankheitszeichen

Das erste Anzeichen einer Atemwegserkrankung ist meist häufiges Niesen. Im fortgeschrittenen Stadium kommen noch Nasenausfluss, Gewichtsabnahme, Nahrungsverweigerung, Augenausfluss und häufig starke Flankenatmung sowie Atemnot dazu. Atemwegserkrankungen werden von einer Vielzahl verschiedener Bakterien und Viren ausgelöst, z.B. *Pasteurella pneumotropica*, Streptokokken und Sendai Virus. Für einen Laien ist eine genaue Bestimmung des Erregers nicht möglich.

Wussten Sie eigentlich ...? Kaninchen können sich auch bei ihrem Halter anstecken! Hat der Halter eine Streptokokken-Infektion, Schnupfen, eine Mandelentzündung etc., sollte er seine Tiere nicht anfassen und auf gründliche Hygiene beim täglichen Versorgen achten!

Behandlung von Erkältungskrankheiten

Die Behandlung einer Atemwegserkrankung muss immer von einem erfahrenen Tierarzt durchgeführt werden. Es wird ein Abstrich des Nasensekretes genommen, um die Ursache der Erkrankung genau zu bestimmen. Ein auf den Befall genau abgestimmtes Antibiotikum wird dann zur Behandlung eingesetzt. Die Behandlung erfolgt nach Weisung und muss mindestens 5 Tage (auch nach sofortigem Abklingen der Symptome) fortgeführt werden. Eine deutliche Besserung tritt häufig nach 2–3 Tagen ein. Wenn nach 5–6 Tagen keine Besserung eintritt, muss mit dem Tierarzt über einen Wechsel des Antibiotikums nachgedacht werden. Ein erneuter Tierarztbesuch sollte spätestens 5 Tage nach Behandlungsbeginn stattfinden.

Inhalation

Bekommt das Kaninchen schlecht Luft, kann eine Inhalation mit heißem Kräuteraufguss aus Kamille, Thymian, Fenchel oder Lindenblüten helfen. Auch verschiedene Kaltinhalate können zum Einsatz kommen. Auf ätherische Öle muss allerdings verzichtet werden. Das erkrankte Kaninchen wird in eine Transportbox gesetzt und das Inhalat vor die Box gestellt. Sehr zahme Kaninchen

Tipp: Antibiotika wirken sich negativ auf die Darmflora aus, wir empfehlen deshalb, nach der Behandlung einen Aufbau der Darmflora (siehe „Erkrankungen des Darmtraktes") vorzunehmen. Unterstützend werden nach Absprache mit dem Tierarzt Vitaminpräparate verabreicht.

Achtung!
Wird der dauerhaft ansteckende Kaninchenschnupfen als Auslöser für die Erkrankung festgestellt, sind die betroffenen Tiere aus großen Gruppen zu separieren und zukünftig nur mit ebenfalls an Kaninchenschnupfen erkrankten Kaninchen zusammen zu halten – selbstverständlich werden auch diese Kaninchen nicht dauerhaft allein gepflegt.

können auch auf dem Schoß inhalieren. Um Verletzungen zu vermeiden, wird die Schale mit dem Heißinhalat dann mit einem Sieb abgedeckt.

Eine handwarme Wärmequelle unterstützt die Heilung. Spezielle Wärmekissen, eine Wärmflasche in einem Handtuch oder Rotlicht können verwendet werden.

Blasen- und Nierenerkrankungen

Krankheitsanzeichen

Erste Anzeichen für Blasen- und Nierenerkrankungen beim Kaninchen sind stärkeres Urinieren, verbunden mit einem feuchten Afterbereich, Schmerzen beim Urinieren (das Tier fiept beim Urinieren und krümmt den Rücken), Blut im Urin (roter bis rostroter Urin), Schmerzlaute des Kaninchens, die nicht näher eingeordnet werden können, übel riechender Urin und häufiges Lecken an der Harnleiteröffnung. Bei fortgeschrittenen Erkrankungen kommt es zur Gewichtsabnahme, Nahrungsverweigerung, Aktivitätsverlust und schließlich zum Tod des Tieres.

Erkrankungen der harnableitenden Wege

Blaseninfektion: Hierbei handelt es sich um eine durch Bakterien verursachte Infektion der Blasenwand. Es kommt zu den oben genannten Symptomen. Meist ist eine solche Infektion einer der Hauptauslöser für spätere Blasensteine.

Blasenschlamm: In der Blase bilden sich kleine Kalziumkristalle, der Blasenschlamm. Dieser gilt als Vorstufe zu Blasensteinen. Er entsteht meist durch ein Kalziumüberangebot, zusammen mit Infektionen und einer angeborenen Veranlagung. Häufig wird der Blasenschlamm auch als weißlicher Urin ausgeschieden – das ist im Grunde eine gesunde Reaktion, weißlicher Urin ist also nicht unbedingt ein Zeichen für eine Krankheit.

Vorsicht!
Nehmen Kaninchen zu wenig Wasser auf und bekommen zu viel kalziumhaltiges Futter, kommt es zu Blasenschlamm.

Blasenstein: Es gibt verschiedene Zusammensetzungen bei Blasensteinen, am häufigsten kommen kalziumhaltige Blasensteine vor. Es wird vermutet, dass die Tiere eine Veranlagung aufweisen müssen, um Blasensteine zu bekommen, ein Überangebot von Kalzium verstärkt dann die Gefahr von Blasensteinen. Blasensteine verursachen meist Schmerzen und Blut im Urin.

Niereninfektion: Eine durch Bakterien verursachte Infektion der Nieren. Diese führt zu starken Schmerzen, Gewichts- und Aktivitätsverlust.

Diagnose

Dem Tierarzt stehen diverse Möglichkeiten zur eindeutigen Diagnose von Erkrankungen der harnableitenden Wege zur Verfügung. Blasensteine und Blasenschlamm werden idealerweise mit einem Röntgenbild abgesichert. Infektionen können mit Urinteststreifen oder durch eine Blutuntersuchung festgestellt werden, ebenfalls kommt eine mikroskopische Untersuchung des Harnsediments in Frage. Auch der einfache Tastbefund (Schmerzempfinden) des Kaninchens kann Hinweise auf eine Erkrankung geben.

Therapie

Blaseninfektion/Niereninfektion: Im Allgemeinen wird ein Antibiotikum verabreicht, idealerweise nach einer vorgehenden Bestimmung des Erregers. Das Kaninchen sollte warm gehalten werden (Rotlichtlampe auf einem Teil des Geheges).
Blasenstein: Selten gehen Blasensteine von selber ab. Nur wenn sie klein genug sind und das Kaninchen viel trinkt oder entsprechende Infusionen bekommt, besteht eine geringe Möglichkeit, dass es den Stein von selber loswird. In den meisten Fällen ist es leider nötig, den Stein operativ zu entfernen. Es ist sinnvoll, den Stein auf seine Zusammensetzung untersuchen zu lassen. So kann im Anschluss an die Operation eine geeignete Diät für das Tier gefunden werden, die eine Neubildung von Steinen verzögert.

Frisches Grün statt Trockenfutter verhindert Blasenerkrankungen.
Foto: I. Domaschke

Blasenschlamm: Hier ist meist eine Umstellung auf eine konsequent kalziumarme Ernährung nötig. Wichtig: Getrocknete Kräuter gelten als Konzentratfutter und können Blasenschlammprobleme verursachen. Frische Kräuter enthalten zwar ebenfalls Kalzium, da aber mit den frischen Kräutern gleichzeitig Flüssigkeit aufgenommen wird, wird der Urin verdünnt und das Kalzium besser ausgeschieden.

Bei allen Erkrankungen der harnableitenden Wege ist auf eine ausreichende Flüssigkeitszufuhr zu achten. Kräutertees und frische Kräuter können das Ausschwemmen und den Heilungsprozess begünstigen. Besonders zu nennen sind hier: Löwenzahn (die ganze Pflanze und Wurzel, frisch, getrocknet oder als Tee) – dieser enthält zwar viel Kalzium, wirkt sich aber so positiv auf Blasenentzündungen aus, dass er trotzdem gegeben werden sollte. Getrocknete Brennnessel (auch als Tee), Birkenblätter (frisch, getrocknet und als Tee) und Kamillenblüten (frisch oder als Tee) wirken entzündungshemmend. Schafgarbe und Spitzwegerich können ebenfalls frisch und getrocknet angeboten werden.

Augenprobleme

Krankheitsanzeichen

Um die Augen bildet sich milchig-wässriger Ausfluss. Rund um das Auge sind Verklebungen und nasse Stellen im Fell, teilweise angetrocknet. Im weiteren Verlauf schwillt das Auge zu, es sieht aus, als ob die Kaninchen ihre Augen zukniffen. Die Augenränder sind gerötet. Quillt das Auge aus der Höhle oder ist es verdickt, könnte die Ursache für die Entzündung auch ein Tumor oder ein Abszess hinter dem Auge sein. In diesem Fall sollte das Tier geröntgt werden, um die Ursache abzuklären.

Wussten Sie eigentlich ...?

Hat das Kaninchen häufiger tränende Augen oder deutliche Zeichen einer Augenentzündung, kann das auch die Folge von Backenzahnproblemen sein. Wenn im Kiefer Entzündungen vorhanden sind, kann es zu Tränenfluss kommen.

Mögliche Ursachen

Alle Allgemeinerkrankungen (bakterielle Infektionen der Atemwege etc.) können mit einer Augenentzündung einhergehen. Staubige Einstreu kann die Augen reizen. Heuhalme, Stroh und Streu können die Augen verletzen, auch andere Fremdkörper können zu kleinen Verletzungen der Hornhaut führen.

Erste Hilfe und Behandlung

Selbstverständlich sollten alle betroffenen Krankheiten nur von einem Tierarzt behandelt werden. Als erste Hilfe wird das Auge vorsichtig auf Fremdkörper untersucht. Dazu werden die Lider leicht auseinander gezogen. Ist ein vorhandener Fremdkörper leicht zu fassen, wird dieser entfernt. Steckt der Fremdkörper tiefer im Auge, darf er nur von einem Tierarzt beseitigt werden. Liegt eine bakterielle Bindehautentzündung vor, wird eine antibiotische Augensalbe verordnet. Bei einer Verletzung wird das Auge gereinigt (mit Kochsalzlösung – nur vom Tierarzt!), und es werden eine antibiotische Salbe sowie meist noch Vitaminsalben verordnet. Die Behandlung sollte mindestens noch zwei Tage nach Abklingen der Symptome weitergeführt werden. Tritt bei einem entzündeten Auge trotz Behandlung keine Besserung ein, wird nach 2–3 Tagen noch einmal der Tierarzt aufgesucht, evtl. muss ein anderes Medikament verabreicht werden. Zieht eine längere Behandlung keine Besserung nach sich, ist es sinnvoll, die Zähne genauer zu untersuchen und ggf. den Kopf zu röntgen, um Tumoren und Abszesse oder Backenzahnprobleme auszuschließen. Mitunter kommt es zu einer allergischen Reaktion am Auge, wenn die Salben Paraffin, Vaselin oder Wollwachs enthalten (meist ist das Paraffin der Auslöser). Das Auge wirkt gerötet, es juckt stark, es kommt zu vermehrtem Tränenfluss bis hin zur Schwellung. Sollte eine solche Verschlechterung auftreten, ist die Salbe nach Absprache mit dem Tierarzt abzusetzen und auf Tropfen zurückzugreifen.

> **Wichtig:** Die Augen dürfen niemals mit Kamille gereinigt werden! Kamille trocknet die Augen aus, und die Schwebstoffe von Kamillenaufgüssen reizen die Augen. Kochsalzlösung aus der Apotheke, warmes Wasser oder entsprechende Augentropfen sollten verwendet werden. Es werden nur Kosmetiktücher oder entsprechende Augentücher zum Reinigen verwendet. Watte fasert aus und darf nicht am Auge angewendet werden.

Abszesse

Anzeichen

Sichtbare Abszesse bilden sich im Normalfall direkt unter der Haut, z. B. nach Operationen an den Narben, oder auch durch kleine Verletzungen im Halsbereich. Sie sind als Verdickung erkennbar/sichtbar und auch leicht tastbar. Ebenfalls kommen häufiger Kieferabszesse vor. Diese Form der Abs-

Gesunde Kaninchenaugen glänzen. Foto: A. Zenker

zesse ist mitunter zuerst äußerlich nicht sichtbar und nur selten gut tastbar. Hinweise sind verminderte Nahrungsaufnahme (verbunden mit Gewichtsverlust), Sabbern, stärkere Kaubewegung und deutliche Anzeichen von Schmerzen bei der Nahrungsaufnahme. Die tierärztliche Untersuchung und Behandlung müssen sofort nach dem Erkennen des Abszesses beginnen – je früher behandelt wird, umso größer sind die Heilungschancen!

Entstehung

Durch kleine Verletzungen (z. B. durch Rangordnungskämpfe oder auch Verletzungen an Ästen oder Heu) oder durch Operationsnarben (häufig auch durch die kleinen Löcher, die nach dem Ziehen der Fäden zurückbleiben) dringen Bakterien (Streptokokken, auch Staphylokokken, Pasteurellen, verschiedene Enterobakterien) ein. Diese verursachen eine eitrige Entzündung. Es bildet sich eine eitergefüllte Kapsel (ein durch Gewebeeinschmelzung entstandener Hohlraum). Wachsen die Zähne aufgrund einer Fehlstellung in die Backen der Tiere, kann dies zu Entzündungen im Rachenraum und zu Abszessen führen. Heuhalme verursachen manchmal ebenfalls Verletzungen im Maulbereich, die eine Abszessbildung nach sich führen. Zu starker Druck beim Kauen führt nicht selten auch zu Abszessen an der Zahnwurzel, in dem Fall bildet sich ein Abszess im Kieferbereich.

Häufiges Putzen des Mäulchens kann auf einen Abszess oder Zahnprobleme hinweisen. Foto: I. Domaschke

Diagnose

Eine eindeutige Diagnose wird vom Tierarzt gestellt. Auf keinen Fall sollte ein Laie einen Abszess öffnen oder selber behandeln! Um eine eindeutige Diagnose zu stellen, wird der Abszess punktiert – d. h. der Tierarzt sticht den Abszess an und entnimmt eine Probe des Inhalts. Meist ist eine Kultur unnötig, da der Eiter schon beim Punktieren hervorquillt und durch Geruch und Konsistenz leicht zu identifizieren ist.

Therapie

Es gibt mehrere Therapiemöglichkeiten. Ist der Abszess reif, an einer gut erreichbaren Stelle und das Kaninchen sonst bei guter Gesundheit, empfiehlt sich die chirurgische Entfernung des Abszesses. In dem Fall wird das Tier betäubt, und der Abszess wird samt Abszesskapsel entfernt. Es bedarf dann keiner weiteren Behandlung. Bei bestehenden Entzündungen wird meist ein Antibiotikum verabreicht.

Vor allem bei Kieferabszessen ist es auch möglich, nach dem Reinigen die Abszesshöhle mit Kalzium-Hydroxid zu versiegeln.

Die häufiger angewendete Therapie ist die Spaltung des Abszesses. Dabei wird er unter Narkose großzügig aufgeschnitten und der Eiter durch Herausdrücken entfernt. Anschließend wird die Abszesshöhle gespült. Es ist notwendig, den Abszess bis zur endgültigen Ausheilung täglich zu öffnen und zu spülen. Nur so ist sichergestellt, dass er sich nicht wieder mit Eiter füllt. Eine Belüftung des Abszesses ist ebenfalls ratsam, damit die anaeroben Bakterien schneller absterben.

> **Tipp:** Die geschilderte Behandlung eines Abszesses ist für das Kaninchen und den Halter sehr unangenehm. Etwas einfacher wird es, wenn das Kaninchen zum Spülen nicht zum Tierarzt gebracht wird, sondern der Halter sich zeigen lässt, wie er selber spülen kann, und der Tierarzt nur einmal in der Woche die Wunde kontrolliert. So kann das Kaninchen in gewohnter Umgebung verbleiben, und es entfällt der Stress des Transportes.

Spülen

Vorab wird die Wundkruste mit warmem Kamillentee aufgeweicht und entfernt. Eine saubere Spritze ohne Kanüle wird mit der Spüllösung gefüllt. Erst dann wird die Knopfkanüle auf die Spritze gesetzt. Mit der Knopfkanüle wird die Abszesshöhle gründlich gespült, bis kein Eiter mehr kommt. Das Spülen wird täglich durchgeführt, und zwar so lange, bis der Abszess vollständig von innen nach außen abgeheilt ist. Bei schweren Abszessen oder wenn sich weitere Krankheitszeichen zeigen (Gewichtsabnahme, Aktivitätsverlust etc.), kann es sinnvoll sein, dem Kaninchen ein Antibiotikum zu verabreichen (nach Verordnung durch den Tierarzt). Die im Eiter enthaltenen Bakterien können über die offene Wunde in den Blutkreislauf gelangen und zu einer Entzündung von Organen führen. Hat das Kaninchen große Schmerzen, kann es vorübergehend auch sinnvoll sein, ein Schmerzmittel einzusetzen, das der Veterinär verschreibt.

Zahnprobleme

Anomalie der Backenzähne

Symptome: Langsame Nahrungsaufnahme, „Sabbern", übertriebenes Kauen, unnatürliches Wachstum der vorderen Schneidezähne

Mögliche Ursache: Angeborene fehlerhafte Zahnanlagen mit unregelmäßiger Zahnabnutzung. Dadurch bilden sich Spitzen an den Backenzähnen, die Zunge und Backenschleimhaut reizen und zu Entzündungen führen. Die Zähne werden dann nicht mehr gleichmäßig abgenutzt, sie wachsen und führen zur „Maulsperre". Heumangel, zu weiches Heu sowie eine grundsätzlich falsche Fütterung sind ebenfalls häufige Gründe für Backenzahnprobleme.

Behandlung: Beim Tierarzt werden dem Kaninchen in Narkose die Backenzähne abgeschliffen. Bei einer dauerhaften Zahnfehlstellung wachsen die Spitzen an den Zähnen immer wieder nach, sodass diese Prozedur im Schnitt alle zwei Monate

So müssen gesunde Schneidezähne aussehen. Foto: K. Aretz

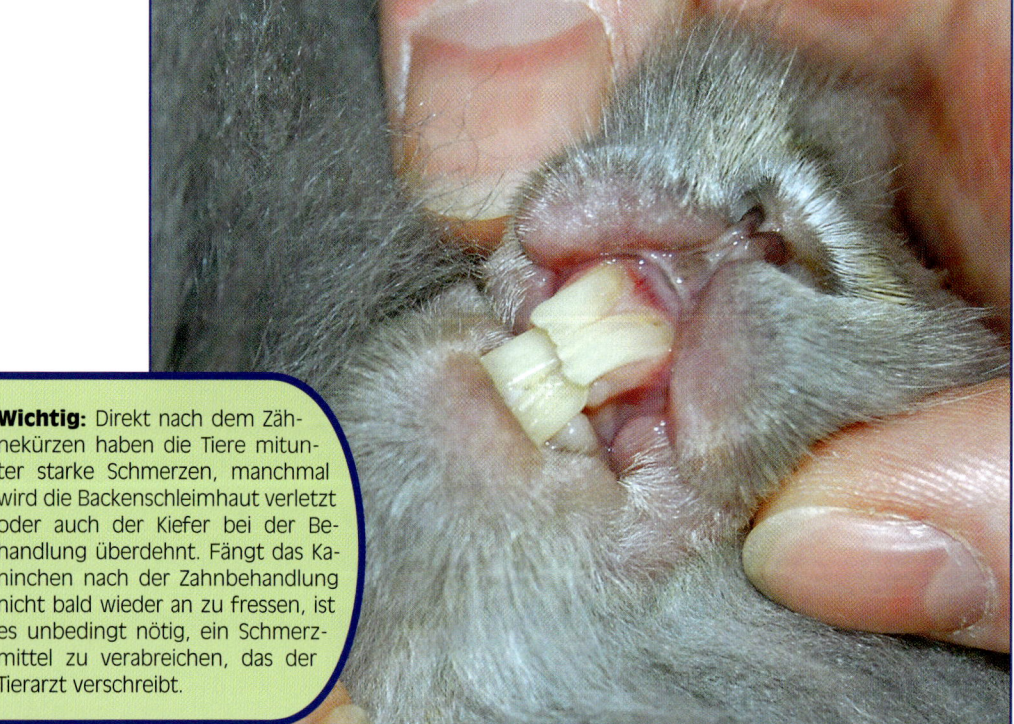

Wichtig: Direkt nach dem Zähnekürzen haben die Tiere mitunter starke Schmerzen, manchmal wird die Backenschleimhaut verletzt oder auch der Kiefer bei der Behandlung überdehnt. Fängt das Kaninchen nach der Zahnbehandlung nicht bald wieder an zu fressen, ist es unbedingt nötig, ein Schmerzmittel zu verabreichen, das der Tierarzt verschreibt.

wiederholt werden muss. Wachsen die Zähne so schnell, dass das Tier öfter als einmal im Monat behandelt werden muss, nimmt es dabei stark ab und verliert seine Lebensfreude, sollte über eine Einschläferung des Tieres nachgedacht werden, denn die entstehenden Entzündungen im Mundbereich sind dauerhaft schmerzhaft und heilen immer schlechter ab. Achtung: Manche Zahnanomalien (vor allem durch zu runde Köpfe und damit zu kurze Kiefer) sind vererbbar, deshalb darf mit diesen Kaninchen niemals gezüchtet werden! Die Fütterung sollte überdacht werden. Zu weiches Heu, viel Trockenfutter und Leckerchen unterstützen die Backenzahnprobleme. Es sollte auf grobes Heu zurückgegriffen werden, gleichzeitig ist eine abwechslungsreiche Grünfütterung angeraten.

In Streifen geschnittenes Gemüse kann bei Schneidezahnanomalien gut gefressen werden. Fotos: I. Rogalla

Abgebrochene oder anormal gewachsene Zähne

Symptome: Langsames Fressen, Futter wird wieder ausgespuckt, erhöhter Speichelfluss, eine sichtbar unnatürliche Stellung der zu langen Schneidezähne, abgebrochenen Zähne.

Mögliche Ursachen: Ein Trauma ist nicht selten die Ursache, z. B. ein Sturz auf die Zähne. Manche Kaninchen nagen verstärkt am Gitter und bleiben mit den

Zähnen hängen, dabei können die Schneidezähne abbrechen und schlimmstenfalls hinterher schief nachwachsen. Die Ursache für abbrechende Schneidezähne kann ebenfalls eine Mangelerscheinung sein. Auch ein bakterieller Infekt am Oberkiefer (Lippengrind) kommt in Frage. Ebenso kann ein Phosphor/Kalzium-Ungleichgewicht der Auslöser für splitternde Zähne sein.

Behandlung: Anormal nachwachsende Schneidezähne müssen in kurzen Zeitabständen vom Tierarzt gekürzt werden. Bei stark zur Seite wachsenden Zähnen kann eine Entfernung der Schneidezähne eine dauerhafte Erleichterung bringen. Abgebrochene Schneidezähne wachsen normalerweise von selber gut nach, sind sie sehr unterschiedlich lang und nutzen sich die gegenüberliegenden Zähne nicht gut ab, sollten sie auf gleiche Länge gekürzt werden. Die Fütterung muss überdacht werden.

Tipp: Hat das Kaninchen wegen einer Schneidezahnproblematik längere Zeit nur Brei oder Geraspeltes gefressen, dann sollten regelmäßig die Backenzähne kontrolliert werden.

Für die Zeit, in der die Schneidezähne nachwachsen und die Kaninchen Probleme bei der Nahrungsaufnahme haben, kann Päppelbrei angeboten werden. Kaninchen mit Zahnproblemen können häufig ihr Frischfutter nicht mehr aufnehmen. Dann ist es sinnvoll, das Gemüse geraspelt anzubieten (nur grob geraspelt, nicht als Mus). Wenn alle Vorderzähne oder beide oben/unten abgebrochen sind, dann können die Tiere auch keine Raspelstückchen mehr fassen und fressen. In dem Fall sollte Gemüse in Streifen angeboten werden. Paprika, Fenchel, Möhren oder Äpfel können gut mit einem Sparschäler in Streifen geschnitten werden. Diese Streifen werden direkt ins Maul hinter die Schneidezähne geschoben – viele Kaninchen blühen regelrecht auf, wenn sie das Frischfutter dann wieder aufnehmen und mit den gesunden Backenzähnen zermahlen können.

Erkrankungen des Bewegungsapparates

Symptome

Das Kaninchen läuft nicht mehr richtig, es humpelt, die Hinterbeine knicken zur Seite weg, es hat Probleme, geradeaus zu laufen.

Tipp: Bei einer Erkrankung durch *E. cuniculi* sollten keine hohen Schmerzmitteldosen verabreicht werden, da die Kaninchen ihre verletzten Gliedmaßen sonst nicht ausreichend schonen. Bestehen starke Veränderungen der Wirbelsäule, können die Tiere nicht mehr selbstständig laufen. Ist eine Besserung der Erkrankung ausgeschlossen, dann sollte über eine Euthanasie nachgedacht werden.

Mögliche Ursachen

Eine Fraktur der Knochen oder eine Verstauchung sind hier häufig der Auslöser. Eventuell ist das Kaninchen irgendwo hängen geblieben (zu große Gitter, nicht abgedeckte Heuraufen), oder es ist gefallen und hat sich dabei ein Bein gebrochen oder Gelenke gestaucht. Bei älteren Kaninchen können auch Spondylosen (Wucherungen und Veränderungen der Wirbelsäule) der Grund für diese Probleme sein. Diese Symptome treten ebenfalls auf, wenn das Kaninchen sich „versprungen" hat – es wird vermutet, dass die Tiere sich dabei einen Nerv reizen und dies zu vorübergehenden Schmerzen führt, meist ist das Problem aber schon nach wenigen Stunden behoben. Seltener sind starke Mangelerscheinungen und extrem schlechte Haltungsbedingungen ein Auslöser. Diese Symptome weisen auch auf *E. cuniculi* hin.

Kaninchen mit amputiertem Bein Foto: I. Rogalla

Behandlung

Das Kaninchen wird geröntgt, um eine eindeutige Diagnose zu bekommen. Je nach Lokalisation eines Bruches wird dieser geschient, operiert und fixiert, oder im schlimmsten Fall wird das Bein amputiert. Bei Verstauchungen und Brüchen werden vom Tierarzt Kortison und – bei Verdacht auf eine Infektion – auch ein Antibiotikum verabreicht. Grundsätzlich ist hierbei zu beachten, dass die Kaninchen bis zur Heilung in kleinen Gehegen untergebracht werden, wo sie sich möglichst wenig bewegen und nicht springen können.

Hitzschlag

Kaninchen können nicht schwitzen, sie hecheln wenig, und durch ihr dickes Fell sind sie kaum in der Lage, Wärme abzugeben. Ihre Temperatur können sie fast nur etwas über die Ohren regeln, allerdings speicheln sie sich teils auch ein, um sich Kühlung zu verschaffen. Bei sehr hohen Umgebungstemperaturen (direkte Sonneneinstrahlung, keine schattigen Rückzugsmöglichkeiten), besonders auch bei hoher Luftfeuchtigkeit und auf Ausstellungen im Sommer kann es zur

Überhitzung des Kaninchens kommen. Vom Hitzschlag stark betroffen sind über-
fütterte, fette Tiere, ebenso alte oder trächtige Exemplare und Wohnungstiere, die
immer bei gleich bleibender Temperatur gehalten werden. Bei starker
Hitze sind Transporte zu vermeiden oder nur in leicht
klimatisierten und gut belüfteten Fahrzeugen durchzuführen.

Wussten sie eigentlich ...?

Bei einem Hitzschlag wird das Kaninchen teilweise in ein kühles (nicht kaltes!), feuchtes Handtuch gewickelt, ggf. werden die Füße in kühles Wasser eingetaucht. Dem Kaninchen wird Wasser eingeflößt. Beim Tierarzt bekommt das Kaninchen Infusionen und evtl. Corticoide gegen Kreislaufversagen.

Symptome

Völlige Teilnahmslosigkeit – die Tiere liegen auf der
Seite, zeigen schnelle, flache Flankenatmung und einen
raschen, schwach fühlbaren Puls.
Sollten diese Symptome bei heißem Wetter bei einem
sonst gesunden Kaninchen bemerkt werden, ist sofort zu
handeln! Es wird unverzüglich ein Tierarzt aufgesucht –
ein Hitzeschlag kann innerhalb kurzer Zeit (Minuten)
zum Tod des Kaninchens führen.

Fellwechsel, Fell- und Krallenpflege

Mindestens zweimal im Jahr wechseln gesunde Kaninchen ihr Fell. Im Frühjahr
wird das Winterfell gegen ein leichteres Sommerfell gewechselt, im Herbst
bekommen die Tiere ihr Winterfell. Heftige Kälteeinbrüche und andere starke
Wetterschwankungen können ebenfalls für einen Fellwechsel sorgen. Während des
Fellwechsels haaren Kaninchen sehr stark und können auch teilweise dünnes Fell
bekommen, im Normalfall führt dies aber nicht zu kahlen Stellen! Die beim Putzen
aufgenommenen Haare können im Darm zu so genannten „Kötelketten" und in der
Folge auch zu Verstopfung führen. Langhaarige Kaninchen haaren meist das ganze
Jahr über – sie benötigen deshalb besondere Pflege.

Bürsten

Zahme Kaninchen sollten in der Zeit des Fellwechsels häufig gebürstet werden, um
die ausgefallenen Haare zu entfernen. Mögen die Tiere diese Prozedur nicht, ist es
ebenso möglich, die Haare intensiv „auszustreichen".

Fell kürzen

Bei langhaarigen Kaninchen (Angora, Löwenköpfchen etc.) ist es notwendig, das
Fell regelmäßig zu kürzen. Vor allem Fellregionen, die öfter mit dem Boden in Kontakt kommen, und die Haare der Aftergegend verfilzen sonst schnell. An verfilzten
Stellen können sich Parasiten und Pilze leichter einnisten, deshalb müssen sie
regelmäßig aus dem Fell geschnitten werden.

Baden

Gesunde Kaninchen werden nicht gebadet. Muss ein Kaninchen aus Krankheitsgründen gebadet werden (ggf. bei sehr starkem Parasiten- oder Pilzbefall), ist darauf zu achten, dass es nicht auskühlt. Idealerweise wird die Badewanne mit dem entsprechendem Parasiten-/Pilzmittel und handwarmem Wasser auf den Boden gestellt. So kommt es

Tipp: Langhaarige Kaninchen oder Tiere mit besonders dickem Fell sollten das ganze Jahr über regelmäßig einmal die Woche gebürstet werden.

nicht zu Stürzen, wenn das Kaninchen sich gegen das Bad wehrt. Das Badewasser wird nicht höher als bis zum Rücken des Kaninchens eingefüllt. Der Kopf des Tieres wird keinesfalls unter Wasser gedrückt, sondern nur vorsichtig mit einem Waschlappen abgetupft. Nach dem Bad wird das Kaninchen mit einem Handtuch gründlich trocken gerubbelt. Wenn es keine Angst vor dem Haarfön hat, wird es damit vorsichtig handwarm getrocknet. Anschließend wird das Kaninchen in einen gut mit Handtüchern ausgepolsterten Übergangskäfig gesetzt und in einem nicht zu kühlen Raum untergebracht, bis es wirklich vollständig trocken ist. Ideal ist, wenn das Tier selbst in einem Raum mit Heizung wählen kann, wo es sich zum Trocknen hinlegt.

Auch wenn weiße Kaninchen mitunter etwas fleckig aussehen, ist das kein Grund für ein Bad. Foto: S. Wilde

Futterzusätze

Es gibt verschiedene Futterzusätze, die in der Zeit des Fellwechsels gegeben werden können, um Kötelketten und Verstopfung zu verhindern:

Maltpaste: Im Handel gibt es Nager-Maltpaste. Sie enthält Fette, die sich als Schicht um die Haare legen sollen, damit diese leichter ausgeschieden werden. Langhaarige Tiere und Exemplare im Fellwechsel bekommen alle 2–3 Tage einen 1–2 cm langen Strang dieser Paste verabreicht.

Tipp: Bewegung hält den Darm in Schwung. Kaninchen, die viel laufen und springen, haben seltener Darmprobleme. Ist bereits eine Verstopfung vorhanden, ist Bewegung lebenswichtig!

Öle: Es ist ebenso möglich, dem Tier verschiedene, hochwertige Speiseöle wie Rapsöl oder Sesamöl direkt einzugeben. Einige Tropfen täglich bei starkem Fellwechsel, sonst ein Tropfen täglich. Das Öl legt sich ebenfalls um die Kötel, um die Haarballen und die Haare, so dass sie besser ausgeschieden werden können.

Ananas und Kiwi? Sie enthalten die Enzyme Bromelin bzw. Actinidin, die Haarproteine auflösen. Es kommen aber keine intakten Enzyme im Dünndarm an, da sie von der Magensäure zerstört werden. Somit sind die Enzyme wirkungslos. Der Zucker aus den Früchten begünstigt Darmerkrankungen.

Fenchelsamen, Leinsamen und Sonnenblumenkerne führen dem Kaninchen hochwertige Fette und Enzyme zu, die beim Ausscheiden verschluckter Haare helfen.

Wehrt sich das Kaninchen sehr, kann es zur Krallenpflege auf den Rücken gelegt werden.
Foto: K. Aretz

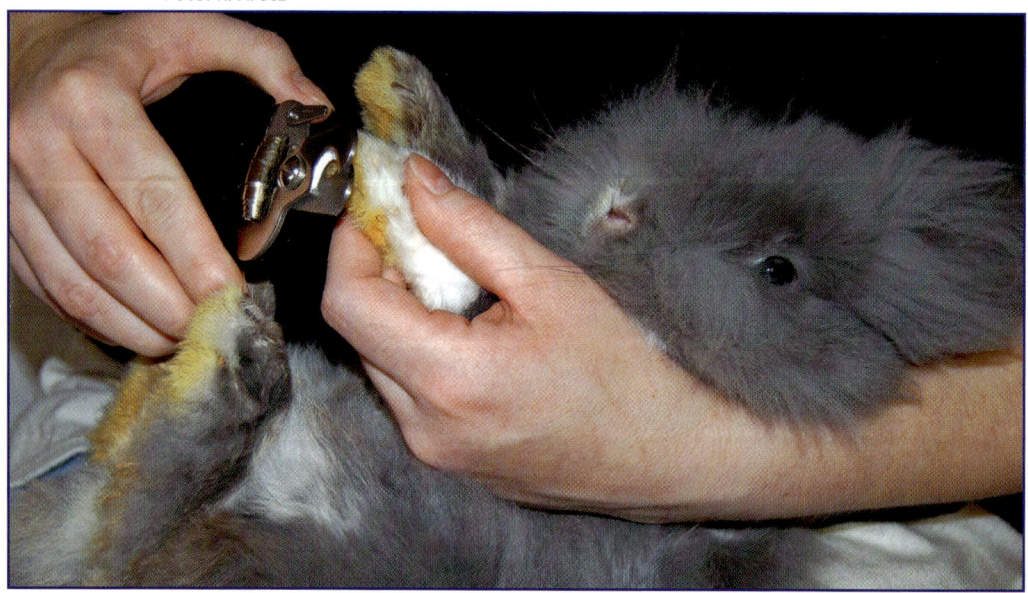

Krallenpflege

Sind die Krallen zu lang, stehen die Zehen zu den Seiten weg oder krümmen sich stark, dann müssen die Krallen gekürzt werden. Werden sie viel zu lang, können die Kaninchen ihre Pfoten nicht mehr aufsetzen und bewegen sich kaum noch. Zum Krallenschneiden wird das Kaninchen auf dem Schoß des Halters fixiert. Wenn es sich stark wehrt, wird es auf den Rücken gelegt. Bei hellen Krallen lässt sich die Ader in der Mitte gut erkennen, bei dunklen ist sie schwerer zu sehen – eine Taschenlampe, die unter die Kralle gehalten wird, macht jedoch auch hier die Ader wahrnehmbar. Die Kralle wird mit einem Seitenschneider oder einer speziellen Krallenzange schräg bis 2 mm vor dem Ende der Ader abgeschnitten.

Wussten Sie eigentlich …?
Die Krallen nutzen sich von selbst ab, wenn sich im Gehege Steine befinden. Es ist darauf zu achten, dass die Tiere über die Steine laufen.

Alte Kaninchen

Wird ein älteres Kaninchen langsamer, verliert es an Gewicht, wird das Fell struppiger oder stumpf, und hat der Tierarzt ausgeschlossen, dass es sich dabei um Anzeichen für Krankheiten handelt, dann sind das deutliche Anzeichen für das beginnende „Rentenalter" des Tiers – es bedarf dann besonderer Pflege. Leckerchen wie Sonnenblumenkerne, Erbsenflocken und frische Kräuter sollten durchweg auf dem Speiseplan stehen. Auf eine gute Futteraufnahme ist zu achten, gerade ältere Kaninchen fressen häufig langsamer. Müssen sie sich gegen viele Jungtiere durchsetzen, kommen sie zu kurz. Mitunter ist es sinnvoll, das ältere Kaninchen zur Fütterung von den Artgenossen zu trennen.

Einschläfern?

Wenn das alte Kaninchen viel schläft, sich wenig bewegt und am liebsten seine Ruhe haben möchte, wenn es mager geworden, struppig und nicht mehr schön anzusehen ist, sind das natürlich keine Gründe es einzuschläfern! Solange es sonst gesund ist, kann auch ein altes Kaninchen eine Menge Lebensfreude haben. Wenn das Tier aber sichtbar leidet, Schmerzen hat, weil es unbehandelbar krank ist (z. B. bei einer Krebserkrankung), freiwillig nicht mehr ausreichend oder keine Nahrung und keine Flüssigkeit mehr zu sich nimmt, dann sollte der verantwortungsbewusste Halter über eine erlösende Maßnahme nachdenken. Es wäre grundfalsch, ein altes und schwaches Kaninchen dann noch künstlich am Leben zu erhalten, es zu päppeln, auch wenn es sich wehrt, es mit Medikamenten voll zu stopfen oder ständig zum Tierarzt zu schleppen, nur weil der Halter sich nicht trennen kann. Ebenso wäre es natürlich ethisch nicht vertretbar, das alte Kaninchen einfach verhungern und verdursten zu lassen. Das Einschläfern ist dann der letzte Freundschaftsdienst,

Wichtig: Das Einschläfern ist schrecklich, und es wäre schön, wenn wir uns und unseren Tieren diesen Gang ersparen könnten. Aber es ist so sicher weit weniger furchtbar, als wenn das Kaninchen langsam verhungert, verdurstet oder lange leidet, weil es Schmerzen hat.

den wir unserem Kaninchen erweisen können! Ein guter Tierarzt berät darüber, wie beim Einschläfern vorgegangen wird und wann der richtige Zeitpunkt dafür gekommen ist. Er wird das Kaninchen narkotisieren, auf Wunsch auch im Beisein des Halters. Das Tier schläft ein, und der Halter hat dann die Gelegenheit, sich zu verabschieden. Erst wenn das Kaninchen völlig narkotisiert ist, wirklich keine Schmerzen mehr spürt und nicht mehr bei Bewusstsein ist, wird der Tierarzt es mit einer Giftspritze erlösen. Es gibt auch Mittel, die ohne Giftinjektion zum Tod des Kaninchens führen.

Auch ältere Kaninchen können noch aktiv sein. Foto: I. Domaschke

Zucht

Einmal Nachwuchs?

Viele Kaninchenhalter verspüren den Wunsch, einmal Jungtiere zu haben. Das ist durchaus verständlich, denn junge Kaninchen sind besonders niedlich, und es ist sicher eine interessante Erfahrung, Kaninchenbabys aufwachsen zu sehen. Auch der Wunsch nach „Ablegern" des Lieblingskaninchens ist nachvollziehbar. Trotzdem sollte jeder Tierhalter dringend davon Abstand nehmen, unkastrierte Rammler einfach zum Weibchen zu setzen oder gar ein Kaninchenpärchen dauerhaft unkastriert zusammen zu pflegen. Meist ist es nicht möglich, den Nachwuchs zu behalten, wenn daraus große Kaninchen geworden sind. Tierheime quellen über vor solchen niedlichen Mischlingen, und selbst Zoofachgeschäfte nehmen nicht gern jedes Kaninchen ab, das unüberlegt „produziert" wurde. Trächtigkeit und Geburt bergen viele Risiken, nicht selten verlieren Halter ihre geliebte Häsin bei dem missglückten Versuch, mit ihr zu „züchten". Grundsätzlich sollten Kaninchenhalter mit ihren Tieren nicht herumexperimentieren. Es ist absolut nicht ratsam, Kaninchen einfach nach Schönheit und persönlichem Gutdünken zusammen zu setzen, um zu schauen, was da wohl für Babys herauskommen.

Wichtig: Gerade die oft als Heimtiere gehaltenen Mischlinge vererben häufig Krankheiten oder passen genetisch gar nicht zusammen. Das Ergebnis solcher Versuche sind Kaninchen mit angeborenen Fehlern, wie Zahnfehlstellungen und anderen gesundheitlichen Problemen.

Auch wenn sie noch so niedlich sind, Kaninchenbabys bedeuten viel Verantwortung.
Foto: C. Scholz

Zuchtvoraussetzungen

Damit aus einem guten Kaninchenhalter ein erfolgreicher Züchter werden kann, müssen viele Voraussetzungen erfüllt werden:

Erfahrung und Zeit

Jeder angehende Züchter sollte mindestens ein Jahr lang Erfahrung als Kaninchenhalter sammeln. In dieser Zeit kann er den Umgang mit Kaninchen in Ruhe üben und ihre Verhaltensweisen und Bedürfnisse kennen lernen. Diese Phase sollte er auch nutzen, um festzustellen, ob er wirklich über viele Jahre hinweg die notwendige Zeit und Kraft aufbringt, bei jedem Wetter viele Kaninchen zu versorgen. Die Tiere müssen nicht nur täglich Futter und Wasser erhalten, auch die Reinigung der Gehege, Tierarztbesuche und die Futterbeschaffung (Grünfutter muss bei kleinen Ausläufen im Sommer täglich gepflückt, Gemüse im Winter gekauft werden) kosten sehr viel Zeit und Geld. Aber nicht nur die tägliche Versorgung der Kaninchen ist aufwändig: Das Auswählen der Zuchttiere, das Zusammensetzen und ständige Überwachen der

Vorsicht!
Bestimmte Rassen können nicht in offenen Ausläufen gehalten werden, da ihr Fell sie nicht ausreichend vor dem Wetter schützt. Hier sind große, überdachte und sogar teilweise geheizte Stallanlagen notwendig.

Wenige Tage alte Jungtiere Foto: S. Scho

Gruppen sowie die Beobachtung der Tiere, um krankhafte Veränderungen sofort feststellen zu können, sind anspruchsvolle Aufgaben, die nicht unterschätzt werden dürfen. Ebenso muss ständig Weiterbildung betrieben werden. Ein guter Züchter informiert sich laufend über neue Haltungsmethoden, aktuelle Forschungsergebnisse und neue Rassen.

Platz

Jeder Züchter benötigt sehr viel Platz für seine Zuchttiere. Die Haltung in kleinen Buchten ist nicht mehr zeitgemäß und war nie tiergerecht. Auch für die Haltung von Zuchttieren sollten die Mindestgrößenangaben für die Außenhaltung von Kaninchen eingehalten werden. Für ein Paar Zwergkaninchen, kleine Rassen oder beispielsweise eine Häsin mit Jungtie-

Mutter mit zwei Jungtieren Foto: K. Aretz

ren müssen eine Schutzhütte/ein Stall mit einer Bodenfläche von mindestens 0,5 m² vorhanden sein, für mittelgroße Kaninchen 1 m², entsprechend mehr für größere Rassen. Dazu benötigen Kaninchen durchgehend 24 Stunden eine Auslauffläche von mindestens 2 m² pro Tier oder 4 m² für eine Häsin mit Jungtieren.

Geld

Die Zucht von Kaninchen ist sehr kostspielig. Wer Kaninchen vermehren möchte, um mit den Jungtieren Geld zu verdienen, wird schnell merken, dass dies bei einer vernünftigen und tiergerechten Zucht nicht möglich ist. Schon die Anschaffung neuer Kaninchen ist kostspielig, da hochwertige Rassetiere teuer sind. Der Bau großer Ställe und Ausläufe ist zwar weitestgehend ein einmaliger, aber dafür ein großer Kostenfaktor. Als laufende Kosten müssen nicht nur Einstreu, Heu und anderes hochwertiges Futter, sondern auch die jährlichen Impfungen und die Tierarztbesuche bei Krankheiten eingerechnet werden.

Zuchtziel

Sind die Grundvoraussetzungen erfüllt und ist der Wille zur anspruchsvollen Zucht wirklich vorhanden, ist der nächste Schritt die deutliche Formulierung eines Zuchtziels. Dem angehenden Züchter muss ein klares Ziel vorschweben, damit die ausgewählten Zuchttiere zu diesem Zuchtziel passen. Relativ klar ist das Zuchtziel für den reinen Hobbyzüchter, der eine oder zwei bestimmte Kaninchenrassen bevorzugt und diese zur eigenen Freude nachziehen möchte. Aber auch hier dürfen die Zuchtziele nicht zu oberflächlich definiert werden: „Schöne Kaninchen, die Preise auf Ausstellungen gewinnen!"? Nein, Preise sind nur ein Nebeneffekt und dürfen auf keinen Fall das primäre Ziel einer Zucht sein!

Zuchtziele
Es sollen gesunde, wesensfeste und robuste Kaninchen gezüchtet werden, die in Gewicht, Körperbau und Farbschlag einer bestimmten Rasse voll entsprechen.

Es ist wichtig, die folgenden Kriterien genauer zu definieren und differenzierter zu beachten:

- Erhöhte Fruchtbarkeit im Vergleich zum Wildtier: Große Würfe, von denen im Idealfall alle Jungtiere auch bei karger Kost durchkommen, sind wünschenswert.
- Hohe Futtermittelakzeptanz und niedriger Futterverbrauch: Die Kaninchen, vor allem die Jungtiere, sollten auch bei karger Kost ohne übermäßige Zufütterung von Mastfutter gut zunehmen und gesund bleiben.
- Gesundheit: Die Kaninchen dürfen keine Krankheiten vererben oder für Krankheiten anfällig sein. Sie müssen über ein starkes Immunsystem verfügen und sollten im Idealfall resistent gegen die meisten Krankheiten sein. Zahnfehlstellungen, Gelenkprobleme und andere krankheitsauslösende Faktoren sollen nicht vorkommen bzw. durch gezielte Zucht ausgemerzt werden.
- Ein dichtes Fell und hohe Wetterfestigkeit sind bei Außenhaltung notwendig.
- Hohes Alter: Die Kaninchen sollten eine hohe Lebenserwartung haben und lange Zeit für die Zucht einsetzbar bleiben.
- Soziale Kompetenz: Es wird darauf geachtet, dass die Kaninchen sich Artgenossen und dem Menschen gegenüber friedfertig zeigen. Dies ist besonders zu berücksichtigen, wenn Kaninchen für die Heimtierhaltung gezüchtet werden.
- Schnelle Gewichtszunahme: Werden die Kaninchen zur Schlachtung gezüchtet, sollte die gewählte Rasse schnell an Gewicht zunehmen, dabei ein gutes Muskelwachstum zeigen und nicht zu viel Fett ansetzen.

Auswahl der richtigen Rasse

Es gibt eine Vielzahl verschiedener Kaninchenrassen und - farbschläge: Der „Zentralverband Deutscher Rasse-Kaninchenzüchter e.V." hat derzeit 88 Kaninchenrassen in insgesamt 370 verschiedenen Farbschlägen anerkannt. Im Natur und Tier - Verlag ist dazu folgender Titel erscheinen: „Rassekaninchen" von Kathrin ARETZ (s. „Literatur").

Tipp: Bei der Auswahl der passenden Rasse ist auf alle Fälle zu beachten, dass sie zu den definierten Zuchtzielen passt. Es ist sinnvoll, sich vorab mit Züchtern der entsprechenden Rasse auszutauschen, rassespezifische Fachliteratur zu lesen und sich sehr genau über die Farbschläge und Besonderheiten der gewählten Rasse zu informieren.

Kurzübersicht anerkannter Rassekaninchen:

Große Rassen, ab 5,5 kg ohne Höchstgewicht:
Deutsche Riesen, einfarbig, Deutsche Riesenschecken, Deutsche Widder

Mittelgroße Rassen von ca. 3,5–5,5 kg Gewicht:
Alaska, Blaue/Blaugraue/Graue/Schwarze/Weiße Wiener, Burgunder, Deutsche Großsilber, Englische Widder, Großchinchilla, Große Marderkaninchen, Hasenkaninchen, Havanna, Japaner, Kalifornier, Mecklenburger/ Rheinische Schecken, Meißner Widder, Rote/Weiße Neuseeländer, Thüringer, Weißgrannen

Kleine Rassen, von ca. 2,0–3,5 kg:
Deilenaar, Deutsche Kleinwidder, Englische Schecken, Holländer, Kastanienbraune Lothringer, Kleinchinchilla, Kleinschecken, Kleinsilber, Lohkaninchen, Luxkaninchen, Marderkaninchen, Perlfeh, Rhönkaninchen, Russenkaninchen, Sachsengold, Schwarzgrannen, Siamesen

Zwergrassen, von 1,0–2,0 kg:
Farbenzwerge, Hermelin, Widderzwerge, Zwergschecken

Satinkaninchen, bis 4,5 kg:
(Die Rassen tragen alle vor dem Namen den Zusatz: Satin-) Blau, Castor, Chinchilla, Feh, Hasenfarbig, Havanna, Kalifornier, Lux, Rot, Schwarz, Siamesen, Thüringer

Langhaarige Rassen:
Angora (farbig und weiß), Fuchskaninchen (farbig und weiß), Jamora, Zwergfuchskaninchen (farbig und weiß)

Wussten Sie eigentlich ...?
Es gibt auch viele Mischlinge und Varianten, die nicht vom ZDRK anerkannt sind.
Beispiele:
Cashmere-Widderzwerg (langhaarige Widder sind generell nicht als Rasse anerkannt), Löwenkopfkaninchen (hier fehlen einheitliche Rassemerkmale und Farbschläge), Rex-Widder, Teutozwerg (hierbei handelt es sich nur um eine Handelsbezeichnung für unterschiedliche Rassen/Mischlinge einer bestimmten Handelsgesellschaft [Teutofarm]).

Deutscher Kleinwidder weiß

Jungtier der Rasse Deutscher Widder

Hermelin Blauauge

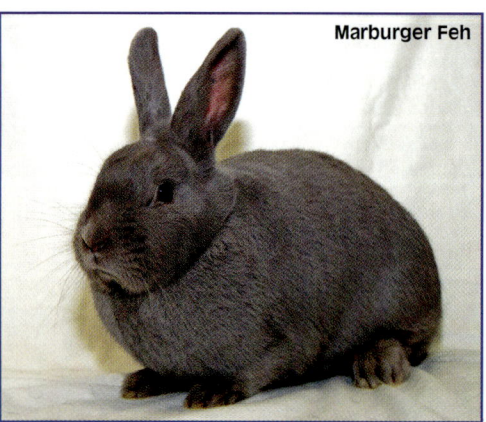

Marburger Feh

Zwergwidder grau-weiß
Fotos: K. Aretz

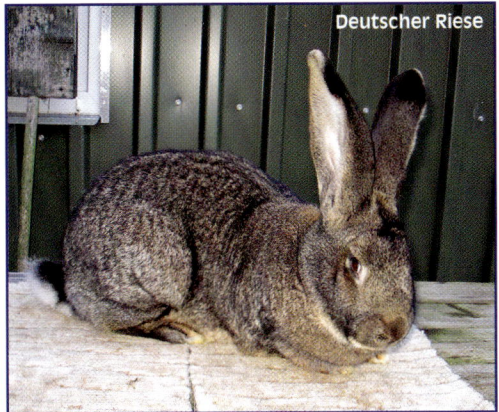

Deutscher Riese

Marderkaninchen

Englischer Schecke

Deutscher Riesenschecke

Farbenzwerge Fotos: K. Aretz

Nicht alle Rassekaninchen sind als Heimtiere geeignet. Foto: K. Aretz

Ethische Überlegungen

Auch wenn es sich um anerkannte Zuchtrassen handelt, so sollte sich der verantwortungsvolle Züchter dennoch Gedanken darum machen, wie sinnvoll die jeweiligen Mutationen, die körperlichen Merkmale bestimmter Rassen, wirklich sind. Manche Anforderungen an Kaninchenrassen sind regelrechte Superlative, und inwiefern die entsprechenden Merkmale noch mit einem tiergerechten Leben des einzelnen Kaninchens vereinbar sind, ist fraglich. Unter bestimmten Gesichtspunkten sind einige Eigenschaften der Rassen sinnvoll. Beispiel Angorakaninchen: Werden diese Tiere als Felllieferanten, also wirtschaftlich genutzt, ist ihre Zucht aus der Sicht des Herstellers sinnvoll, und der wirtschaftliche Nutzen wird leider über das Wohlergehen der Tiere gestellt. Aber eine Zucht von Angorakaninchen nur wegen des plüschigen Aussehens ohne wirtschaftlichen Nutzen ist im Grunde nicht zu vertreten und ethisch noch fragwürdiger: Angorakaninchen können ihr Fell nicht ohne menschliche Hilfe sauber halten. Ständiges, für Kaninchen oft unangenehmes Hochnehmen, Bürsten und Fellschneiden sind daher lebenslang notwendig. Außenhaltung in großen Freigehegen ist kaum möglich, da das Fell nicht wasserabweisend ist, die Tiere sich erkälten und Fremdkörper sich in dem langen Fell verfangen. Sehr große Rassen wie die Deutschen

Riesen können nicht mehr wirklich tiergerecht ernährt werden, ohne ungesundes Mastfutter vermögen sie ihr Gewicht nicht zu halten. Die extrem großen Rassen sind meist krankheitsanfälliger und haben eine relativ geringe Lebenserwartung. Bei Hasenkaninchen sind die Gliedmaßen dermaßen verlängert, dass diese Rasse ständig mit Gelenkproblemen zu kämpfen hat. Englische Widder haben so unnatürlich lange, hängende Ohren, dass diese beim Laufen auf dem Boden schleifen. Manche dieser Tiere können sich sogar nur rückwärts fortbewegen, weil sie beim Vorwärtsspringen auf ihre eigenen Ohren treten (es gibt Ansätze, die Rasse so zu züchten, dass die Ohren hinter die Vorderbeine fallen, allerdings: Dann treten die Kaninchen mit den Hinterbeinen darauf – ob das nun sinnvoller ist?). Einige Rexkaninchen haben ein sehr dünnes Fell und keine schützende Deckhaarschicht mehr, weshalb sie nicht in offener Außenhaltung untergebracht werden dürfen, denn bei einem Auslauf im Regen würden die Tiere völlig auskühlen. Mitunter werden Zwergkaninchen gezüchtet, die kleiner als 1 kg sind. Diese Tiere sind teilweise so schwach und haben so wenig Widerstandskraft, dass sogar viele Rassezuchtvereine sie nicht mehr zu Zuchtschauen zulassen. Es muss allerdings dazugesagt werden: Nicht alle Kaninchen, die einer dieser Rassen angehören, sind tatsächlich krankheitsanfällig oder haben wirklich Probleme, es gibt einige wenige sehr verantwortungsvolle Züchter, die darauf achten, dass auch ihre Tiere aus Rassen mit extremen Merkmalen gesund sind und sie ihre Kaninchen nicht überzüchten. Leider sind solche guten Züchter die Ausnahme. Viele, denen es nur um Auszeichnungen geht, züchten, ohne Rücksicht auf Verluste und produzieren bei dem Versuch, neue Höchstleistungen zu vollbringen, viele lebenslang kranke Tiere.

> **Wichtig:** Aus Sicht des Tierschützers sind Rassen mit stark veränderten Körpermerkmalen immer fragwürdig. Es ist ethisch nicht vertretbar, solche Rassen zu züchten, nur um sie einem menschlichen Schönheitsideal zu unterwerfen. Eine gute Rassezucht dient auch dem Tier, indem sie dafür sorgt, dass nur gesunde und robuste Kaninchen vermehrt werden.

Vererbungslehre (Genetik)

Grundwissen über Vererbungslehre ist für jeden Züchter Pflicht. Nur wer sehr genau weiß, welche Anlagen vererbt werden, kann gezielt züchten. Das Wissen darum, welche Eigenschaften dominant und welche rezessiv vererbt werden, ist eine Grundvoraussetzung, um gezielt Zuchttiere auswählen zu können und Farben sowie (andere) Rassemerkmale herauszuzüchten. Einige Eigenschaften treten nur dann in Erscheinung, wenn auch ein bestimmtes anderes Gen vorhanden ist, es ist also ebenso wichtig zu wissen, auf welche Eigenschaften das zutrifft und welche Gene dafür vorhanden sein müssen. Einige Farbgene sind an bestimmte Krankheiten oder Defekte gekoppelt. Dies wird im Fall, dass solche gesundheitlichen Probleme tödliche Folgen haben, als Letalfaktor bezeichnet. Deshalb können einige Merkmale nicht reinerbig gezüchtet werden, da Nachkommen mit zwei identischen Genen (Homozygote) in solchen Fällen nicht lebensfähig sind.

Auch über die verschiedenen Zuchtpraktiken wie Inzucht, Linienzucht und Fremdeinkreuzung muss der angehende Züchter gut Bescheid wissen. Durch Inzucht oder konsequente Linienzucht werden gewünschte Eigenschaften gefestigt, und unerwünschte Eigenschaften können herausgezüchtet werden. Allerdings, die Reinerbigkeit ist nicht immer sinnvoll und kann auch neue Probleme mit sich bringen. Bei lange reinerbig gezogenen Zuchtgruppen leidet die Immunität, da das Immunsystem sich nicht mehr an neue Krankheitsbedingungen anpassen kann. Es ist also sehr wichtig, genau zu wissen, wann Fremdverpaarungen nötig sind, um die Zuchtlinie gesund zu erhalten.

Tipp: Schon die Grundlagen der Genetik und der einzelnen Zuchtsysteme würden den Rahmen dieses Buches sprengen. Jeder angehende Züchter muss diese Grundlagen aber genau studieren und die genetischen Besonderheiten der von ihm ausgewählten Rasse und Farbenschläge kennen. Dazu steht Züchtern eine große Auswahl an Fachliteratur zur Verfügung.

Jungtiere der Rasse Englische Schecken
Foto: K. Aretz

Auswahl der Zuchtkaninchen

Die Auswahl der zur Zucht eingesetzten Kaninchen muss sehr gewissenhaft vorgenommen werden. Nicht geeignet sind Kaninchen unbekannter Herkunft aus Zooläden, Notaufnahmen oder generell Kaninchen ohne dokumentierte Abstammung. Grundsätzlich sollten die Eltern der Zuchttiere und idealerweise mindestens 2–3 Generationen aus der Zuchtlinie bekannt sein. Es dürfen in der Zuchtlinie keine Probleme bei Geburten (Fehlgeburten, Kaiserschnitte etc.), keine vermehrten Erkrankungen (ständiger Parasitenbefall, häufige Gelenkprobleme, gehäufte Organschäden) und keine anderen Anomalien (Gebissfehlstellungen, Erbkrankheiten) vorgekommen sein.

Es ist selbstverständlich, dass nur ganz gesunde Tiere zur Zucht eingesetzt werden. Kaninchen, die schon eine Krankheit ausgestanden haben oder gar Kaninchenschnupfen oder andere akute oder chronische Erkrankungen vorweisen, gehören nicht in die Zucht! Zuchtkaninchen sollten auf alle Fälle agil, frohwüchsig und futtergenügsam sein. Auch muss auf eine gute Fellqualität geachtet werden. Kaninchen mit dünnem Fell, wenig Unterwolle, wenig Dichte oder gar löchrigem Fell gehören nicht in die Zucht. Die Kaninchen müssen außerdem gut in Rudel integrierbar sein, soziale Kompetenz zeigen und sich arttypisch verhalten. Idealerweise sind sie friedfertig gegenüber Menschen. Zuchttiere sollten aus mittelgroßen und großen Würfen stammen. Handaufzuchten und Kaninchen aus kleinen Würfen sollten nicht zur Zucht eingesetzt werden, da dort der Verdacht einer Vorschädigung besteht.

Wichtig: Grundsätzlich werden Häsinnen, die häufiger Fehlgeburten oder nur sehr kleine Würfe haben, aus der Zucht genommen. Häsinnen, die sich aggressiv gegenüber ihren Jungen zeigen, werden ebenfalls aus der Zucht genommen.

Zuchtbuch und Bestandsbuch

Sobald Kaninchen zur Zucht angeschafft werden, ist es sinnvoll, ein Zuchtbuch und ein Bestandsbuch zu führen. Je gewissenhafter das Bestandsbuch geführt wird, umso mehr Hilfe kann es beim Aufspüren von Krankheitsauslösern (Seuchen) bieten, es hilft Haltungsfehler zu entdecken, und wenn Verhaltensauffälligkeiten regelmäßig vermerkt werden, können Krankheiten rechtzeitig erkannt und behandelt werden. Im Bestandsbuch werden alle in den Bestand aufgenommenen Kaninchen (auch Tiere, die nicht zur Zucht eingesetzt werden) erfasst. Zu den aufgezeichneten Daten gehören: Markierungsnummer/Kennzeichnung, Geburtsdatum/Alter, Rasse, Farbe, Besonderheiten, natürlich auch Anschaffungsdatum, Verkauf und Vermittlung oder ggf. Todesdatum. Ebenfalls aufzunehmen sind: Daten über tierärztliche Behandlungen, Impfungen und Verhaltensauffälligkeiten. Sinnvoll ist es, weitere Informationen zur Haltung, Vergesellschaftung und Fütterung der Kaninchen festzuhalten.

Wussten Sie eigentlich ...? Im Zuchtbuch werden Kennzeichnungszahlen, Verpaarungen, Wurfgrößen und Wurfzusammensetzungen sowie die vergebenen Kennzeichnungszahlen der Jungtiere vermerkt.

Gruppenhaltung

Die früher oft praktizierte Einzelhaltung in Buchten ist nicht tiergerecht, auch Zuchttiere sollten in Gruppen untergebracht werden. Allerdings ist das bei unkastrierten Kaninchen nicht ganz leicht und erfordert viel Beobachtung der Kaninchen und umfassendes Wissen um ihr natürliches Verhalten. Konsequente Haltung in großen Gehegen, relativ große Zuchtgruppen und „Rentnertiere" zur Gesellschaft sind Voraussetzungen für eine erfolgreiche Gruppenhaltung.

Weibchen, die gerade nicht zur Zucht eingesetzt werden, können teilweise in Gruppen zusammen gehalten werden. Ältere Weibchen vertragen sich meist relativ gut mit jungen Weibchen vor der Zuchtreife. Es hat sich bewährt, weibliche Kaninchenjunge nach dem Absetzen zu älteren Häsinnen zu setzen, die nicht mehr zur Zucht eingesetzt werden. Adulte Rammler dürfen nicht zusammen gehalten werden. Zuchtreife Rammler müssen deshalb aber noch lange nicht allein untergebracht werden: Sie können bis wenige Tage vor der Geburt beim Weibchen bleiben und werden anschließend mit jungen, nicht geschlechtsreifen Rammlern aus anderen Würfen zusammen gehalten. Grundsätzlich ist darauf zu achten, dass die Kaninchen vor der Geschlechtsreife wieder getrennt werden, da es sonst zu Rangkämpfen kommt. Falls die Möglichkeit besteht, können Zuchtrammler durchgehend zu wechselnden Häsinnen gesetzt werden. Es ist manchmal auch möglich, gemischte Gruppen zu halten. Kastrierte Rammler können in einigen Fällen Ruhe in Häsinnengruppen bringen.

Zuchtreife

Das Weibchen ist ab dem achten Lebensmonat zuchtreif, jüngere Tiere sollten nicht zur Zucht eingesetzt werden. Rammler können schon ab dem sechsten Monat zur Zucht zugelassen werden, aber auch hier ist es ratsam, darauf zu warten, dass die Rammler ausgewachsen und alle Anlagen gut zu erkennen sind.

Wichtig: Beim ersten Wurf sollte das Weibchen nicht wesentlich älter als 24 Monate sein. Eine spätere Trächtigkeit führt eventuell zu Fehlgeburten und schlechter Jungenaufzucht.

Zuchtweibchen sollten kein Übergewicht haben. Foto: I. Domaschke

Paarung

Es ist ratsam, den Rammler in den Auslauf der Häsin zu setzen. Dies ist aber nur dann möglich, wenn im Gehege viel Platz und Ausweichmöglichkeiten vorhanden sind. Je größer das Gehege ist, desto liebevoller wird der Rammler sein Weibchen umwerben und umso größer ist die Wahrscheinlichkeit, dass er von der Häsin gut angenommen wird. Sind die Gehege sehr klein, wird die Häsin zum Rammler gesetzt. Der Rammler kann bis zu drei Wochen bei der Häsin verbleiben. Danach muss der Rammler von der Häsin getrennt werden, damit sie nicht direkt nach der Geburt wieder gedeckt wird.

Der Deckakt selber ist relativ kurz, er dauert nur wenige Sekunden: Der Rammler steigt von hinten auf die Häsin und hält sie mit den Zähnen am Nackenfell fest. Die Kopulation wird wiederholt, bis die Häsin dem Rammler deutlich anzeigt, dass sie aufgenommen hat, danach findet kein Deckakt mehr statt. Dies kann das erste Anzeichen für eine erfolgreiche Befruchtung sein. Kaninchenweibchen haben keinen festen Zyklus. Der Eisprung erfolgt 10–12 Stunden nach dem Deckakt und wird durch einen Nervenreiz während des Deckvorgangs ausgelöst. Paarungsbereitschaft und Zeugungsfähigkeit sind unabhängig von Brunstperioden.

Tragzeit, Vorbereitungen

Die Trächtigkeit und vor allem die Aufzucht der Jungen sollten idealerweise im Frühling oder im Herbst ablaufen. Während der heißen Sommermonate wäre beides für Kaninchen extrem anstrengend. Es kommt nicht selten zu Todesfällen trächtiger Weibchen oder junger Muttertiere im Sommer, weil sie die hohen Temperaturen nicht vertragen. Außerdem ist es in den heißen Sommermonaten sehr schwer, ein gutes Zuhause für Jungtiere zu finden, da die meisten potenziellen Abnehmer im Urlaub sind. Für Tiere in Außenhaltung sind eine Trächtigkeit und Geburt in kalten Wintern ebenfalls zu anstrengend. Viele Weibchen nehmen in Kaltstallhaltung ab dem späten Herbst auch nicht mehr auf.

Ob das Weibchen erfolgreich aufgenommen hat, ist auch daran zu erkennen, dass sie nicht mehr vom Rammler bestiegen wird. Wenn das Weibchen trächtig ist, wird es etwas behäbiger. Es verbringt viel Zeit damit, ein geräumiges Wurfnest zu bauen. Manche Weibchen werden wesentlich aggressiver gegenüber Artgenossen oder Menschen, andere ziehen sich mehr zurück.

Die Tragzeit beträgt ca. 28–33 Tage. Kaninchenweibchen haben in dieser Zeit einen erhöhten Mineralstoff- und Eiweißbedarf,

Vorsicht!
Regelmäßige gründliche Gesundheits-Checks sind bei trächtigen Häsinnen sinnvoll, dabei darf aber auf keinen Fall auf den Unterleib gedrückt werden. Umzug oder Wechsel der Käfiggenossen sollten während der Trächtigkeit vermieden werden, Stress kann zu Fehlgeburten führen.

Gut gepolstertes Nest mit Jungtieren Foto: C. Scholz

dies muss bei der Fütterung berücksichtigt werden. Große Rassen benötigen dann spezielle Mastpellets oder auch Hafer. Kleinere Rassen dagegen brauchen auch während einer Trächtigkeit lediglich eine sehr abwechslungsreiche Kost mit viel Grünfutter, Heu und Knollengemüse.

Wurfhöhle/Wurfkiste

Während der Tragzeit, oft erst in den letzten Tagen vor der Geburt, beginnt die trächtige Häsin mit dem Bau eines Wurfnestes. Kaninchen in Außengehe-gehaltung graben sich eine geräumige Wurfhöhle an einer dafür geeigneten Stelle im Gehege. Diese wird mit trockenen Pflanzenteilen wie Heu, Stroh und Blättern ausgepolstert. In den letzten drei Tagen vor der Geburt beginnen die Häsinnen da-mit, die Wurfhöhle auch mit ihrem Bauchfell auszupolstern, mitunter wird sogar das gesamte Bauchfell ausgerupft und verwendet. Wenn die Häsin sich allerdings danach noch anders entscheidet und ein neues Wurfnest baut, kann es sein, dass sie versucht, Fell bei anderen Kaninchen im Rudel auszureißen – Stress und mitunter gefähr-

Tipp: Idealerweise hat eine Wurf-kiste einen abnehmbaren oder aufklappbaren Deckel; so kann das Nest durch Sichtung kontrolliert werden, ohne es durch Anheben der gesamten Box zu zerstören.

liche Auseinandersetzungen zwischen den Tieren sind dann oft die Folge.

Der Züchter wird die Jungtiere schon bald nach der Geburt kontrollieren wollen, was in einer Wurfhöhle nicht möglich ist. Auch ist das Gehege nicht immer so eingerichtet, dass die Kaninchen sich überhaupt eine Wurfhöhle bauen können. In beiden Fällen muss eine große Wurfkiste zur Verfügung gestellt werden, ein großes Häuschen mit den Maßen 40 x 40 x 30 cm (L x B x H) für Zwergrassen, entsprechend geräumiger für größere Rassen.

Geburt und Aufzucht

Spätestens vier Tage vor dem errechneten Geburtstermin wird der Rammler aus dem Gehege genommen und das Gehege wird noch einmal gründlich gereinigt. Hat die Häsin schon ein Wurfnest gebaut, sollte dieses aber auf keinen Fall entfernt werden. Die Geburt findet meist in der Nacht oder am Morgen statt. Die Jungen werden von der Mutter in Empfang genommen und abgenabelt, danach wird jedes Jungtier von der Eihaut befreit und trocken geleckt.

In den ersten Tagen bleiben die Jungtiere im Nest. Foto: K. Aretz

Das kräftige Ablecken der Jungen hat mehrere Funktionen:

- Sie werden gesäubert.
- Durchblutung und Kreislauf werden angeregt.
- Mutter- und Jungtiere stellen so eine Bindung her, und die Mutter nimmt den Geruch der Jungen auf.

Wichtig: Anfangs erscheint es so, als würde die Häsin sich nicht um ihre Jungen kümmern, diese Zurückhaltung ist aber normal. In freier Wildbahn werden Kaninchenbabys nur einmal am Tag gesäugt, die Mutter verlässt das Nest und verschließt den unterirdischen Bau, so versucht sie ihre Jungen vor Fressfeinden zu schützen.

Die Eihaut sowie die Nachgeburt werden von der Mutter gefressen. Einige Stunden nach der Geburt sollte das Nest kontrolliert werden, Totgeburten und unverzehrte Nachgeburten werden entfernt, stark blutverschmierte Einstreu ausgewechselt. Es können zwischen vier und zwölf Jungtiere geboren werden. Die Jungen sind Nesthocker, ihre Augen sind noch geschlossen, und auch der Fellwuchs ist eher spärlich. Die Jungtiere haben Kälte nichts entgegenzusetzen, sie werden nur durch das dick gepolsterte Nest geschützt und wärmen sich gegenseitig.

Kaninchenmilch ist sehr reichhaltig und hält 24 Stunden vor. Nur selten säugt ein Weibchen die Jungen direkt nach der Geburt, meist werden die Jungtiere am nächsten Tag bzw. in der nächsten Nacht versorgt, denn Kaninchenmütter suchen

Säugendes Jungtier Foto: K. Aretz

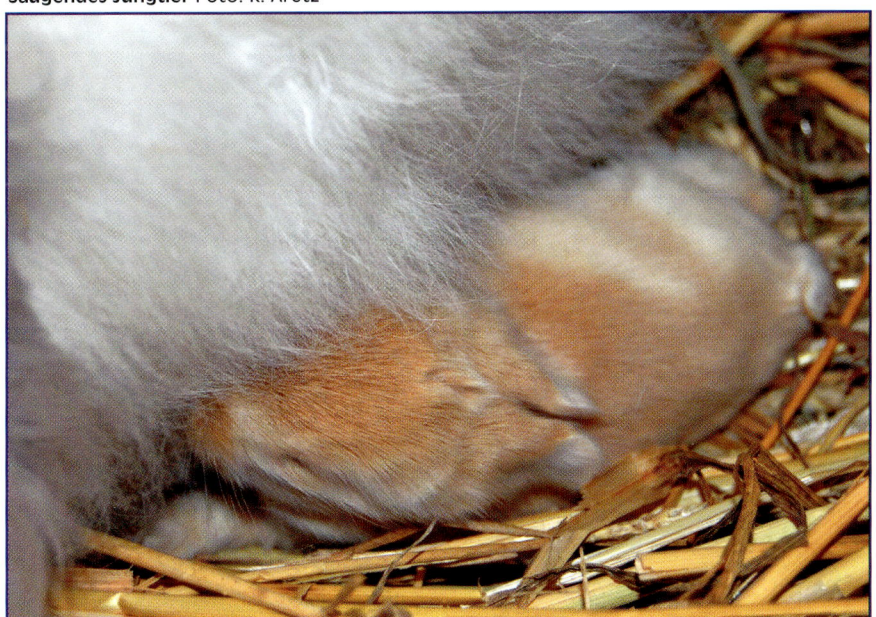

dazu normalerweise nachts oder in den frühen Morgenstunden ihr Nest auf. Nach dem Säugen leckt die Häsin den Jungtieren kräftig den Bauch, um Verdauung und Kreislauf anzuregen und auch Kot aufzunehmen, so dass das Nest sauber bleibt. Falls nicht absolut klar ist, ob die Mutter ihren Pflichten nachkommt, muss in den Morgenstunden das Nest kontrolliert werden. Die Jungen sollten dick gefüllte Bäuche haben, sauber geleckt und warm sein. Bei jungen oder unerfahrenen Müttern ist dies mitunter nicht der Fall, dann müssen die Jungen von Hand aufgezogen werden. Vorab sollte versucht werden, die Jungtiere bei der Mutter anzulegen.

Hat die Mutter nicht genug Milch oder ist sie verstorben, müssen Jungtiere von Hand aufgezogen werden. Foto: K. Aretz

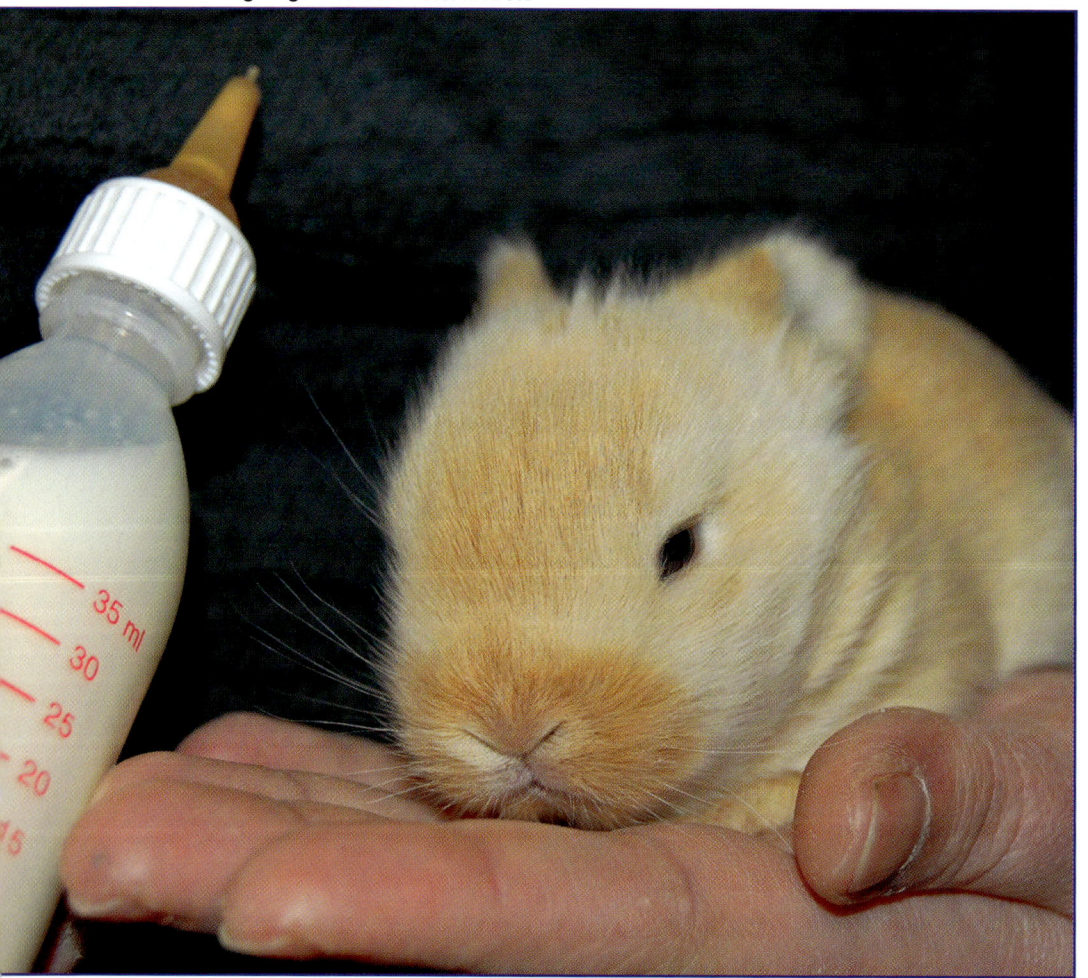

Jungtiere brauchen den Kontakt zur Mutter bis mindestens zur achten Lebenswoche.
Foto: K. Aretz

Handaufzucht

Als Aufzuchtfutter hat sich eine gehaltvolle Katzenaufzuchtmilch bewährt (beispielsweise Cimi Lac oder die Aufzuchtmilch der Firma Gimborn sowie ähnliche Produkte). Kuhmilch, Dosenmilch oder andere Milcharten eignen sich nicht! Die Katzenaufzuchtmilch wird im Verhältnis 1 : 2 mit Wasser oder Tee angerührt. Gut geeignet sind Fencheltee oder auch Römische Kamille. Um Koliken vorzubeugen, wird der Ersatzmilch ein Tropfen eines Mittels mit dem Wirkstoff Simeticon oder Kümmelöl beigefügt. Verfüttert wird die lauwarme Ersatzmilch mit einer Spritze oder einer Pipette. Auch wenn Kaninchenjungen nur einmal am Tag gesäugt werden, bei der Handaufzucht sind mehrere kleine Mahlzeiten notwendig. Zu Anfang ist vor allem auch über Nacht alle 3–4 Stunden 1 ml sinnvoll. Sind die Jungen erst einmal an die Ersatzmilch gewöhnt und nehmen sie diese freiwillig an, dürfen sie trinken, bis sie satt sind. Nach der Mahlzeit ist es wichtig, den Bauch der Jungen vorsichtig in Richtung After zu massieren, damit die Verdauung angeregt wird. Ab der dritten, vierten Lebenswoche wird die Ernährung der Jungtiere langsam und schrittweise auf Grünfutter umgestellt.

Wussten Sie eigentlich ...?
Es ist darauf zu achten, dass die Jungtiere nicht auskühlen, daher ist eine Wärmeflasche unter dem Nest der Tiere sinnvoll.

Entwicklung der Jungen

- Bis zum 3. Lebenstag sind die Jungen völlig nackt, am 3. Tag treten erste Haarspitzen aus der Haut hervor.
- Ab dem 5. Tag nach der Geburt haben die Jungen ein kurzes und dicht anliegendes Haarkleid, und die spätere Fellfärbung ist zu erkennen.
- Nach einer Woche wiegen die Jungen schon ca. doppelt so viel wie bei der Geburt.
- Nach 10–12 Tagen öffnen die Jungen ihre Augen, und auch das Fellkleid ist voll ausgebildet. Ihre Ohren stehen nun langsam aufrecht (auch bei Widderkaninchen, die Ohren fallen erst später).
- Mit ca. 3 Wochen beginnen die Jungtiere erste Putzbewegungen auszuführen, allerdings fallen sie dabei noch recht häufig um. Mutige Jungtiere verlassen zaghaft das Nest und beginnen, die Umgebung der Wurfhütte zu erkunden.
- Ab der 4. Lebenswoche verlassen die Tiere das Nest, unternehmen selbstständige Ausflüge in die Umgebung und spielen mit ihren Geschwistern. Auch fangen sie nun an, feste Nahrung zu sich zu nehmen, und nagen an den herumliegenden Heuhalmen. Sie verringern nun deutlich die Milchaufnahme, bei kleinen Würfen wird bereits abgesetzt.

Wussten Sie eigentlich ...?

Ab der 8. Lebenswoche sind die Jungtiere völlig selbstständig und werden nicht mehr von der Mutter gesäugt. Sie brauchen ihre Mutter aber noch, um von ihr zu lernen. In Buchtenhaltung wird bedauerlicherweise häufig ab der 4.–5. Lebenswoche beobachtet, dass die Häsinnen ihre Jungen vertreiben. Bei einer tiergerechten Aufzucht ist das normalerweise nicht der Fall.

Geschlechtertrennung und Abgabe

Spätestens ab Ende der zwölften Woche sollten die Jungtiere nach Geschlechtern getrennt werden. Allerdings sollten die Kaninchenjungen zuvor nicht vollständig von allen erwachsenen Tieren separiert werden. In den ersten drei Monaten erlernen die Kaninchen ihr Sozialverhalten, sie lernen vor allem, sich ins Rudel zu integrieren und sich zu unterwerfen. Werden sie zu früh von adulten Tieren getrennt, fehlt den Jungtieren dieses Wissen. Sie lernen in dieser Zeit ebenfalls, was sie fressen können und was nicht. Neuen Erkenntnissen nach nehmen Jungtiere auch den Blinddarmkot der erwachsenen Tiere auf. Die darin enthaltenen Bakterien werden von den Jungtieren dringend benötigt, um ihre eigene Darmflora aufzubauen. Vor allem in der Phase der Umgewöhnung von Milchkost auf rohfaserhaltige Kost ist die Aufnahme des Blinddarmkotes wichtig. Kaninchenweibchen, die länger bei ihren Müttern oder anderen erwachsenen Weibchen lebten, sind wesentlich ruhiger und sicherer, wenn sie selbst Junge bekommen. Erst mit ca. zehn Wochen sind die Jungtiere soweit, in andere Gruppen zu ziehen oder auch die Reise in ein anderes Rudel anzutreten. Geschlechtsreif werden Zwergkaninchenrassen mit ca. drei Monaten, große Kaninchen (ab ca. 5 kg) mit etwa 4–5 Monaten.

Zuchtschauen/ Vereine

Wie bei anderen Hobbys, so ist es auch unter Züchtern üblich, Erfolge öffentlich zu präsentieren. Auf solchen Schauen wird der eigene Leistungsstand mit dem der anderen

So klein und schon so selbstständig
Foto: C. Scholz

Züchter verglichen. Für die Tiere ist so eine Veranstaltung allerdings mit großer Anstrengung verbunden. Sie werden aus ihrer gewohnten Umgebung genommen, oft über Stunden in Transportkisten gesperrt, um dann in einem Raum voller fremder Geräusche und Gerüche einzeln in kleinen Käfigen zu sitzen. Kaninchen würden das nicht freiwillig auf sich nehmen, und deshalb sollte jeder Züchter gut abwägen, ob es für ihn und seine Zucht wirklich notwendig ist, auf solche Schauen zu gehen. Sinnvoller ist die Mitgliedschaft in Vereinen, um sich dort mit Gleichgesinnten auszutauschen. Bei gegenseitigen Besuchen von Vereinsmitgliedern können die Tiere vor Ort in ihrer gewöhnlichen Umgebung begutachtet werden, und so bekommt jeder Züchter einen vollständigen Einblick in die Haltung und Zucht der Hobbykollegen.

Wussten Sie eigentlich ...?
Kaninchen engagierter Züchter, die in Vereinen organisiert sind, tragen alle eine tätowierte Kennnummer im Ohr, der sich entnehmen lässt, wie alt das Tier ist und von welchem Züchter es stammt.

Scheinträchtigkeit bei Kaninchen

Manche Kaninchenweibchen neigen zu Scheinträchtigkeiten. Vor allem Weibchen, die mit einem Kastraten zusammen leben, werden häufiger scheinträchtig.

Auslöser

Durch den Deckakt wird ca. zwölf Stunden danach beim Weibchen der Eisprung ausgelöst. Nur durch den Deckakt werden Eizellen in den Follikeln ausgebildet und freigesetzt – Kaninchen haben keine zyklische Empfängnisfähigkeit. Im Eileiter findet anschließend im Normalfall die Befruchtung statt. Ist der Rammler kastriert, kommt es selbstverständlich nicht zur Befruchtung. Bei einer Scheinträchtigkeit bilden sich trotz des Ausbleibens der Befruchtung Gelbkörper, die für die Produktion des Trächtigkeitsschutzhormons (Progesteron) zuständig sind.

Anzeichen

Das Kaninchenweibchen fängt an, Nester zu bauen, ist ständig damit beschäftigt, Nistmaterial zu sammeln, und trägt fast immer Stroh oder Heu im Maul. Gegen Ende der Scheinträchtigkeit rupft sich die Häsin auch Bauchfell aus, um damit ihr Nest zu polstern. Das Nest darf auf keinen Fall entfernt werden! Geschieht dies doch, kommt es zu großem Stress bei der Häsin, und sie wird sofort versuchen, ein neues zu bauen. Häufig verhalten sich scheinträchtige Häsinnen aggressiver als sonst, sie greifen mitunter sogar ihren Partner an und vertreiben ihn aus dem gemeinsamen Gehege. Teilweise wird auch der Besitzer attackiert. Die Häsin knurrt häufiger als sonst. Sie ist auch wesentlich unruhiger, und häufig gehen Scheinträchtigkeiten mit einer leichten Gewichtsabnahme und verminderter Futteraufnahme einher. Eine normale Scheinträchtigkeit dauert ca. 14–18 Tage, bis dahin werden die Gelbkörper abgebaut. Ist das Weibchen nur ein- oder zweimal im Jahr scheinträchtig, reicht es aus, ihm in dieser Zeit viel Ruhe, hochwertiges Futter und beruhigende Kräuter – frisch oder als Tee – zu verabreichen (Kamille, Salbei, Basilikum und Fenchel).

Behandlung

Sollten häufigere oder länger andauernde Scheinträchtigkeiten auftreten, oder sind die Scheinträchtigkeiten mit massiver Aggressivität und Rudelproblemen verbunden, ist es ratsam, die Häsin einem erfahrenen Tierarzt vorzustellen. Für die Häsin und auch ihren Partner bedeuten andauernde Scheinträchtigkeiten eine starke Belastung. Auch steigt bei häufigen Scheinträchtigkeiten die Gefahr schwerer gesundheitlicher Folgen. Es kann zu Gebärmuttervereiterung, Gebärmutterkrebs, Entzündungen der Eileiter und Follikel kommen.

Kommen die Scheinträchtigkeiten häufig und in kurzen Abständen vor, ist eine Kastration angeraten. Kastration beim Kaninchenweibchen bedeutet die vollständige Entfernung der Gebärmutter. Dies ist ein risikoreicher Eingriff, der deshalb nur bei sonst gesunden Kaninchenweibchen und nur durch einen sehr erfahrenen Tierarzt durchgeführt werden sollte. Die Kastration ist jedoch eine dauerhafte Lösung bei Scheinträchtigkeiten. Kastrierte Häsinnen werden ruhiger, gelassener, stehen nicht mehr unter Stress, und das Zusammenleben zwischen den Kaninchen wird wieder harmonischer. Die Kastration des Kaninchenweibchens schließt außerdem natürlich Gebärmutterkrebs aus. Forschungsergebnisse lassen vermuten, dass die Adenokarzinomrate bei machen Kaninchenlinien bei bis zu 80 % liegt. Diese bösartige Krebsart kann in andere Organe streuen und letztlich zum Tod des Kaninchens führen, weshalb von manchen Tierärzten die präventive Kastration aller nicht zur Zucht eingesetzten Weibchen empfohlen wird.

Einige Tierärzte und Züchter raten dazu, ein scheinträchtiges Kaninchen einmal decken zu lassen, angeblich würde sich dann das Problem von selbst erledigen – das stimmt aber nicht! Da in den meisten Fällen häufige Scheinträchtigkeiten ihren Ursprung in einer krankhaften Veränderung der Gebärmutter haben, ist dieses Vorgehen nicht nur sinnlos, sondern sogar grob fahrlässig. Wenn das Weibchen überhaupt aufnimmt, kommt es häufiger zu Fehlgeburten, Trächtigkeitstoxikosen und sogar zum Tod des Tieres. Auch Kaninchen, die schon geworfen haben, werden nach nicht erfolgreichen Deckakten scheinträchtig.

Wussten Sie eigentlich…?

Häufig wird zuerst mit Hormonen (Gestagen, HCG) behandelt, allerdings ist die Wirkung meist nicht von Dauer, die Behandlung muss nach wenigen Monaten erneut erfolgen, und nicht selten sind regelmäßige Injektionen erforderlich. Da diese Hormone nicht nebenwirkungsfrei sind, ist so eine Behandlung auf Dauer nicht ratsam.

Aufreiten kann den Eisprung und damit die Scheinträchtigkeit auslösen.
Foto: A. Zenker

Danksagung

Ich danke Herrn Dr. med. vet. Bernhard Lazarz für seine tiermedizinischen Ratschläge und das Korrekturlesen des Manuskriptes. Christina Scholz danke ich ganz besonders für regelmäßiges Korrekturlesen jedes Kapitels, für ihre vielen Ratschläge und ihre aufrichtige Kritik sowie für die langen Telefonate und Diskussionen und die umfangreiche Hilfe beim Kapitel Zucht. Heike Schmidt-Röger danke ich für das Korrekturlesen und Entwirren meiner „Bandwurmsätze" sowie ihren Glauben daran, dass ich wirklich dieses Buch schreiben könne. Bei U. und E. Meyer bedanke ich mich für einen erholsamen Urlaub mit der schönen Gelegenheit, ihre im Garten frei laufenden Kaninchen zu beobachten und dabei ihr Pyramidengehege nicht nur bewundern, sondern auch fotografieren zu dürfen. Bei Ingrid Rogalla bedanke ich mich für die tollen Berichte und Bilder ihrer frei in der Wohnung lebenden und alles zerlegenden Kaninchen. Pia Maar danke ich für Bilder und Anregungen vor allem beim Kapitel Stubenreinheit. Anja Zenker danke ich für den Urlaub, den ihre Kaninchen hier verbringen durften, für die tollen Fotos und die Anregungen zum Manuskript. Cornelia Otahal und ihrem Fotografen Ingo Domaschke danke ich für tolle Kaninchenbilder. Ich bedanke mich außerdem bei allen Kaninchenhaltern, die mich mit ihren Fragen zum ständigen Dazulernen und Hinterfragen der gängigen Haltungspraxis gebracht haben. Nur durch die vielen Halter, mit denen ich mich austauschen durfte und die mir Ratschläge, Rückmeldungen und viele Erfahrungsberichte zukommen ließen, konnte das Buch überhaupt entstehen und so viele verschiedene Ansätze weitergeben. Ich bedanke mich natürlich auch beim gesamten Team des Natur und Tier - Verlages, vor allem bei Christian Ehrlich für die gute Betreuung des Projektes, die ständige Bereitschaft, meine Fragen zu beantworten und das Korrekturlesen des Manuskriptes, sowie Kathrin Aretz und Kriton Kunz für ihr Lektorat. Bei meinem Ehemann Sascha Wilde möchte ich mich ganz besonders bedanken: für die ständige Unterstützung in Sachen Computer, für seine Gelassenheit, wenn mal wieder Urlaubs- oder Notfallkaninchen sogar das Badezimmer bevölkerten, für seine Bereitschaft, Kaninchen zu fotografieren und sogar selber Fotomodell zu spielen und das Korrekturlesen des Manuskriptes.

Ich bedanke mich außerdem bei allen übrigen Fotografen und ihren langohrigen Fotomodellen:

Morle, Schneewittchen, Felix, Ossi, Primelchen, Löffel, Pünktchen, Pebbles, Sunny, Tommy, Anton, Banani, Sheila, Finda, Nini, Bambi, Felicia, Sam, Emilie, Klara, Goldfleck, Baby, Biene, Boche, Eisenmännchen, Flitzer, Klopfer, Malte, Mareke, Mirage, Seppl und allen anderen.

Literatur

ALTMANN, D. (2005): Kaninchen. – Ulmer, Stuttgart.

ARETZ, K. (2008): Rassekaninchen. – Natur und Tier - Verlag, Münster.

BECK, W. & N. PENTCHEV (2006): Praktische Parasitologie bei Heimtieren. – Schlütersche, Hannover.

BERGHOFF, P.C. (1989): Kleine Heimtiere und ihre Erkrankungen. – Verlag Paul Parey, Singhofen.

BÖRSCH, M. (2004): Ultrasonographische Fetometrie beim Kaninchen. – Dissertation Tierärztliche Hochschule Hannover.

BUCHER, L. (1994): Fütterungsbedingte Einflüsse auf das Wachstum und Abrieb von Schneidezähnen von Zwergkaninchen.

DRESCHER, B. (2008a): Enzephalitozoonose beim Kaninchen. – www.birgit-drescher.de.

– (2008b): Kaninchen in der Kleintierpraxis. – online unter www.birgit-drescher.de, Stand Mai 2008.

EHRLICH, C. (2002): Klarer Wahlausgang. – RODENTIA, 2(6): 25–26.

EWRINGMANN, A. (2004): Leitsymptome beim Kaninchen. – Diagnostischer Leitfaden und Therapie. – Enke Verlag, Stuttgart.

GABRISCH, K. & P. ZWART (2005): Krankheiten der Heimtiere. – Schlütersche, Hannover.

GLÖCKNER, B. (2002): Untersuchungen zur Ätiologie und Behandlung von Zahn- und Kiefererkrankungen beim Heimtierkaninchen. – Freie Universität Berlin.

GOLZE, M. (2008): Geschichte und Entwicklung der Angorazucht und Wollleistungs-prüfungen. – Sächsische Landesanstalt für Landwirtschaft, Dresden.

HARRIMAN, M. (1995): House Rabbit Handbook – How to Live with an Urban Rabbit. – Verlag Drollery Press, Alameda.

HOMEIER; B. (2005): Belastungen beim Transport von Kleinsäugern. – Tierärztliche Hochschule Hannover.

KLUGE, F. (1999): Etymologisches Wörterbuch der deutschen Sprache. – de Gruyter, Berlin.

LACKENBAUER, W. (2001): Kaninchenfütterung. Tiergerecht - naturnah - wirtschaftlich. – Verlag Oertel + Spörer, Reutlingen.

LAZARZ, B. (2008a): Erkrankungen der Zähne oder der Mundhöhle des Kaninchens. – online unter www.vet-dent-lazarz.de, Stand Mai 2008.

– (2008b): Kastrieren oder nicht kastrieren? – online unter www.vet-dent-lazarz.de, Stand Mai 2008.

MCBRIDE, A. (2003): Kaninchen verstehen - Ein Ratgeber für die artgerechte Haltung. – Pala Verlag, Darmstadt.

MORGENEGG, R. (2002): Artgerechte Haltung ein Grundrecht auch für (Zwerg-) Kaninchen. – Kik Verlag, Berg am Irchel.

VERHOEF-VERHALLEN, E.J.J. (2000): Kaninchen und Nagetiere Enzyklopädie. – Naumann & Göbel, Köln.

Rosengarten, A. (2004): Untersuchungen zur kurzfristigen Ernährung von Zwergkaninchen und Meerschweinchen über eine orogastrale Sonde bei Variation der Zusammensetzung (Komponenten, Nährstoffgehalt und Energiedichte) des applizierten Futters. – Tierärztliche Hochschule Hannover.

Schlolaut, W. (2003): Das große Buch vom Kaninchen. – Landbuch-Verlag, Brunsbek.

Schoon, D. & J. Seeger, J. & F.-V. Slomon (2000): Veterinärmedizin für Tierarzthelfer/innen. – Verlag Wissenschaftliche Scripten, Auerbach.

Skolarski, I. (2001): Vergleichende Untersuchungen zur Käfighaltung von weiblichen Laborkaninchen in Einzel- und Paarhaltung. – Freie Universität Berlin.

Spennemann, B. (2002): Harnuntersuchung beim Heimtierkaninchen. – Freie Universität Berlin.

Tierärztliche Vereinigung für Tierschutz (2000): Merkblatt Nr. 78 Kaninchenhaltung

Wegler, M. (2003): Das Zwergkaninchen. – Gräfe und Unzer, München.

Weißenberger, K. (1993): Kaninchenzucht. – Verlag Hachmeister & Thal, Leipzig.

– (2002): Kaninchenrassen. – Verlag Hachmeister & Thal, Leipzig.

Wenzel, U.D. & G. Albert (1996): Kaninchenkrankheiten. – Deutscher Landwirtschaftsverlag, Berlin.

Winkelmann, J. & H.-J. Lammers (1996): Kaninchenkrankheiten. – Verlag Eugen Ulmer, Stuttgart.

Zinke, J. (2004): Ganzheitliche Behandlung von Kaninchen und Meerschweinchen Anatomie- Pathologie-Praxiserfahrungen. – Sonntag Verlag, Stuttgart.

Zumbrock, B. (2002): Untersuchungen zu möglichen Einflüssen der Rasse auf die Futteraufnahme und -verdaulichkeit, Größe und Füllung des Magen-Darm-Traktes sowie zur Chymusqualität bei Kaninchen. – Tierärztliche Hochschule Hannover.

Weiterführende Links (Stand November 2008):

Die Kaninchen-Info: www.die-kaninchen-info.de
House Rabbit Society: www.rabbit.org
Kaninchengehege: www.kaninchengehege.de
Kaninchen at Home: www.forum.kaninchen-at-home.com
Dr. Bernhard Lazarz: www.vet-dent-lazarz.de
Tierärztliche Vereinigung für Tierschutz: www.tierschutz-tvt.de
Sandra Menke: www.illu-station.de

Kaninchenzucht

www.kaninchenzucht.de
www.kaninchen.at

Art für Art
Die Kleinsäuger-Buchreihe
Mit diesen brillant bebilderten und ansprechend gestalteten Büchern erhalten Sie eine preisgünstige Pflegeanleitung, die zur artgerechten und erfolgreichen Haltung führt.

64 Seiten, Format 14,8 x 21 cm, zahlreiche Farbfotos

je Band 11,80 €

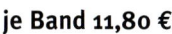

Natur und Tier - Verlag GmbH
An der Kleimannbrücke 39/41, D-48157 Münster
Tel.: 0251-13339-0, Fax: 0251-13339-33, verlag@ms-verlag.de

www.ms-verlag.de

Bücher für Ihr Hobby

Tatjana Jonca

LEBEN mit CHINCHILLAS

Der ausführliche Leitfaden für die Haltung von Chinchillas

Alles über das Leben mit Ihren Pfleglingen

Extra: Alles über Genetik

Sigrid Tooson & Christian Ehrlich

LEBEN mit MEERSCHWEINCHEN

Der ausführliche Leitfaden für die Haltung von Meerschweinchen

Leben mit Chinchillas

T. Jonca

256 Seiten, 190 Farbfotos, Format: 16,8 x 21,8 cm
ISBN 978-3-86659-095-3

19,80 €

Leben mit Meerschweinchen

S. Tooson, C. Ehrlich

184 Seiten, zahlreiche Abbildungen
Format: 16,8 x 21,8 cm, ISBN 978-3-937285-54-2

19,80 €

Chinchillas sind einfach traumhafte Tiere: Ihr außerordentlich dichtes, weiches Fell, der buschige Schwanz und die großen Ohren machen sie unverwechselbar. Aufgrund dieses possierlichen Aussehens und ihres freundlichen, neugierigen Wesens werden die quirligen Nager als Heimtiere immer beliebter. Welche Anforderungen Chinchillas an Unterbringung, Ernährung, Pflege und Vermehrung stellen, erläutert Ihnen dieser Ratgeber anschaulich und leicht verständlich. Ein Buch für alle, die mehr wissen wollen!
Als langjährige Chinchilla-Halterin verfügt Autorin Tatjana Jonca über umfassende Erfahrungen in der Haltung und Zucht der liebenswerten Nager.

Dieser Ratgeber zeigt Ihnen, wie Sie Ihre Meerschweinchen artgerecht unterbringen, beschäftigen und fit halten können. Er liefert alle Basisinformationen und an vielen Stellen zusätzlich weiterführende Expertentipps.
Sigrid Toosen ist seit Jahren als erfolgreiche Meerschweinchen-Züchterin bekannt, Christian Ehrlich ist Redakteur unseres Kleinsäuger-Fachmagazins RODENTIA. Zusammen vermitteln sie dem Leser dieses Ratgebers alles Wissenswerte über die Biologie, Haltung und Zucht der intelligenten Nager in leicht verständlicher und äußerst fachkundiger Art und Weise. Mit einem Kapitel über „Gesunderhaltung und Krankheiten" von Prof. Dr. Michael Fehr.

Natur und Tier - Verlag GmbH
An der Kleimannbrücke 39/41, D-48157 Münster
Tel.: 0251-13339-0, Fax: 0251-13339-33, verlag@ms-verlag.de

www.ms-verlag.de